# 城市高架桥施工现场临时用电标准化指南

Guidelines for the Standardization of Temporary Electricity Consumption on Construction Sites of Urban Viaduct

城市高架桥施工现场临时用电标准化指南项目组　著

U0380325

东南大学出版社
SOUTHEAST UNIVERSITY PRESS

· 南京 ·

**图书在版编目(CIP)数据**

城市高架桥施工现场临时用电标准化指南 / 城市高
架桥施工现场临时用电标准化指南项目组著. -- 南京：
东南大学出版社，2024.9. -- ISBN 978-7-5766-1495-4

Ⅰ.U448.15-62；TU731.3-62

中国国家版本馆 CIP 数据核字第 2024HA0943 号

**责任编辑：**叶 娟　　**责任校对：**韩小亮　　**封面设计：**余武莉　　**责任印制：**周荣虎

**城市高架桥施工现场临时用电标准化指南**
Chengshi Gaojiaqiao Shigong Xianchang Linshi Yongdian Biaozhunhua Zhinan

| | |
|---|---|
| **著　　者** | 城市高架桥施工现场临时用电标准化指南项目组 |
| **出版发行** | 东南大学出版社 |
| **社　　址** | 南京市四牌楼 2 号　　邮编：210096　　电话：025 - 83793330 |
| **出 版 人** | 白云飞 |
| **网　　址** | http://www.seupress.com |
| **电子邮箱** | press@seupress.com |
| **经　　销** | 全国各地新华书店 |
| **印　　刷** | 广东虎彩云印刷有限公司 |
| **开　　本** | 700 mm×1000 mm　1/16 |
| **印　　张** | 13.5 |
| **字　　数** | 240 千字 |
| **版　　次** | 2024 年 9 月第 1 版 |
| **印　　次** | 2024 年 9 月第 1 次印刷 |
| **书　　号** | ISBN 978-7-5766-1495-4 |
| **定　　价** | 89.00 元 |

（本社图书若有印装质量问题，请直接与营销部联系。电话：025 - 83791830）

# 《城市高架桥施工现场临时用电标准化指南》
## 编 审 组

主　　编：郝以平

副 主 编：朱亚德　　丁孝德

编　　委：王　鹏　　周正殿　　李凡繁　　王　祥　　佟冠中　　张春飞
　　　　　黄建科　　杨　波　　史永龙　　马永磊　　凌　祥　　魏继云

主要审定人员：
　　　　　刘建峰　　杨　洋　　王　勇　　黄　捷　　叶颖慧　　费国新

主要编写人员：
　　　　　杨平庆　　陈　阳　　田钧仁　　高　祥　　苗　全　　赵　云
　　　　　徐　亮　　徐怀华　　季　艺　　王若鹏　　唐　城　　赵德海
　　　　　戴明宝　　殷　俊　　颜灿光　　姬邦勘　　陈从政　　朱益飞
　　　　　王　磊　　王　庆　　何文瑄　　陈伟利　　张继谦　　肖国永
　　　　　张孝华　　史琛瑜　　李秀福　　韩　斌　　潘岗成

编审单位：泰州市交通运输综合行政执法支队
　　　　　南京工业大学
编写单位：中交（南京）建设有限公司
　　　　　兴德（江苏）安全科技有限公司

# 前　言
## Preface

目前，我国已经成为世界上城市化程度最高的国家之一。随着城市化进程的不断加速，城市交通建设亦日趋重要。高架桥作为城市发展的交通纽带，在缓解交通压力、增加城市道路对交通流的承载力方面发挥了重要的作用，各地对城市高架桥的需求量也逐渐上升。现代高架桥的施工机械化程度较高，对电能的需求较大，临时用电问题一直备受关注。

临时用电是指在高架桥等各类建设工程施工现场临时搭建的电力供应系统，为施工所需的各类电气设备提供稳定、安全的电力支持。近年来，随着各类电气设备、用电设备的迭代升级，临时用电本质安全水平也在不断提升，触电事故作为工程建设五大伤害事故之一已得到较好控制。但是，由于施工现场的特殊性和复杂性、电力知识专业性强且不易普及、施工现场管理人员和作业人员过分依赖于漏电保护器的保护，临时用电在设计、安装、使用维护及拆除等方面仍然面临着诸多挑战，因工人违规操作、电气设备安装质量等问题导致的触电和电气火灾等事故时有发生。

当前，在城市高架工程建设领域尚没有专门的临时用电安全技术规范，现参考的标准《施工现场临时用电安全技术规范》（JGJ46－2005）本质上是适用于建筑行业的，并不能很好满足交通领域距离长、施工面广、用电量大且变化大的应用场景；且与现行国家标准《建设工程施工现场供用电安全规范》（GB 50194－2014）在诸多方面存在冲突，不能满足当前城市高架工程建设现场实际需要，导致施工现场临时用电标准化水平普遍不高，问题隐患得不到根本解决。为了解决上述问题，江苏省交通运输综合行政执法监督局牵头并组织相关单位研究编制了《城市高架桥施工现场临时用电标准化指南》（以下简称《指南》），旨在为高架桥施工现场临时用电标准化建设提供指导和参考，发挥标准化对行业和企业临时用电安全管理效能提升的支撑引领作用，以高水平安全助力工程建设和企业高质量发展。

《指南》基于《建设工程施工现场供用电安全规范》（GB 50194－2014）、《公路水运工程安全生产条件通用要求》（JT/T 1404－2022）、《公路水运工程临时用电技术规程》（JT/T 1499－2024）、《建筑电气与智能化通用规范》（GB 55024－2022）、《建筑与市政施工现场安全卫生与职业健康通用规范》（GB 55034－2022）、《低压成套开关设备和控制设备 第 4 部分：对建筑工地用成套设备（ACS）的特殊要求》（GB/T 7251.4－2017）等国家相关标准和规范，依托泰州市姜堰南绕城快速化改造工程，并结合江苏省交通工程建设领域临时用电标准化实践经验，对城市高架施工现场临时用电实施的关键环节进行详细说明和规范。同时，运用 3D Studio Max 建模软件对城市高架典型分部分项工程施工现场临时用电的关键节点进行场景重构，以"标准规范要点＋标准化图样"的方式对临时用电现场安装进行解析，让读者一目了然、清晰明了。

《指南》共分为十章内容，包括总则、规范性引用文件、常用术语和元器件、基本规定、供电系统设置、配电系统设置、典型用电设备及桥涵工程临时用电设置、智能用电管理系统、检测和测试、隐患排查治理。"规范性引用文件"章节，列明了本《指南》编制时所参照的规范及文件；"常用术语和元器件"章节，对编制过程中所涉及的专业术语和常见元器件进行阐述和规定；"基本规定"章节，对用电原则、用电设施运行及维护要求、人员管理提出了具体要求；"供电系统设置"章节，对供电系统中的电源负荷、电力变压器、发电机组做了说明；"配电系统设置"章节，对配电系统中的 TN－S 接地系统、配电结构形式、配电线路、分级配电系统、分级剩余电流保护做了规定；"典型用电设备及桥涵工程临时用电设置"章节，对城市高架桥所涉及的用电机具设备和桩基、承台、小构、墩柱、盖梁、桥面等施工现场临时用电设置进行解析；"智能用电管理系统"章节，对智能用电四新技术以及设备及安装做了分析；"检测和测试"章节，对检测类别、检测仪器用途、原理及操作方法做了阐述；"隐患排查治理"章节，提供了临时用电常见隐患清单。

《指南》适用于城市高架桥施工现场临时用电的安装和使用，可供从事城市高架项目建设单位、监理单位、施工单位管理人员以及一线作业人员使用，对于本指南未涵盖的内容，应依据有关标准规范执行。我们希望通过本《指南》的推广应用，能够为城市高架桥基或交通工程建设施工现场临时用电问题提供一套全面、标准、规范、科学的解决方案，为加快建设交通强国做出积极贡献。

本《指南》在编写过程中得到了各级领导和专家的指导，在此一并表示感谢。由于编制时间仓促，且编者水平所限，错误疏漏在所难免，恳请广大读者批评指正。

# 目　录
## Contents

# 1　总　则

1.1　为规范城市高架桥施工现场临时用电的设计、安装、运行和拆除，指导现场标准化实施操作，及时消除用电隐患，保证在施工现场供配电和用电的高质量运行，保障过程中的人身安全、设备安全和节能环保，根据国家、行业和地方有关规定和城市高架桥工程特点制定本指南。

1.2　本指南提出了城市高架桥施工现场临时用电管理的基本规定、供电系统设置、配电系统设置、典型用电设备及桥涵工程临时用电设置、智能用电管理系统、检测和测试、隐患排查治理等方面的标准化实施要求。

1.3　本指南适用于城市高架桥电压在 10 kV 及以下的施工现场临时用电的设计、安装、运行和拆除。城市高架桥施工现场临时用电标准化实施除参照本指南要求外，尚应符合国家和行业现行有关标准的规定。

1.4　公路水运工程电压在 10 kV 及以下的施工现场临时用电工程，可参照本指南实施。

# 2 规范性引用文件

下列文件对于本指南的应用是必不可少的。凡是注日期的引用文件，仅注日期的版本适用于本指南。凡是不注日期的引用文件，其最新版本（包括所有的修改单）适用于本文件。

GB/T 3805 特低电压（ELV）限值

GB 7251.1 低压成套开关设备和控制设备 第1部分：总则

GB 7251.4 低压成套开关设备和控制设备 第4部分：对建筑工地用成套设备（ACS）的特殊要求

GB/T 13955 剩余电流动作保护装置安装和运行

GB 50052 供配电系统设计规范

GB 50053　20 kV及以下变电所设计规范

GB 50054 低压配电设计规范

GB 50055 通用用电设备配电设计规范

GB 50057 建筑物防雷设计规范

GB 50058 爆炸危险环境电力装置设计规范

GB 50148 电气装置安装工程 电力变压器、油浸电抗器、互感器施工及验收规范

GB 50150 电气装置安装工程 电气设备交接试验标准

GB 50168 电气装置安装工程 电缆线路施工及验收标准

GB 50169 电气装置安装工程 接地装置施工及验收规范

GB 50194 建设工程施工现场供用电安全规范

GB 50217 电力工程电缆设计标准

GB 50254 电气装置安装工程 低压电器施工及验收规范

GB 50256 电气装置安装工程 起重机电气装置施工及验收规范

GB 50257 电气装置安装工程 爆炸和火灾危险环境电气装置施工及验收规范

GB 50303 建筑电气工程施工质量验收规范

GB 51302 架空绝缘配电线路设计标准

GB 51348 民用建筑电气设计标准

GB 55024 建筑电气与智能化通用规范

GB 55034 建筑与市政施工现场安全卫生与职业健康通用规范

CB/T 1046 船用配电箱（船舶行业标准）

GB/T 3787 手持式电动工具的管理、使用、检查和维修安全技术规程

GB/T 4208 外壳防护等级（IP 代码）

GB/T 5023.3 额定电压 450/750 V 及以下聚氯乙烯绝缘电缆 第 3 部分：固定布线用无护套电缆

GB/T 6829 剩余电流动作保护电器（RCD）的一般要求

GB/T 7251.3 低压成套开关设备和控制设备 第 3 部分：由一般人员操作的配电板（DBO）

GB/T 11918.1 工业用插头插座和耦合器 第 1 部分：通用要求

GB/T 11918.2 工业用插头插座和耦合器 第 2 部分：带插销和插套的电器附件的尺寸兼容性和互换性要求

GB/T 11918.5 工业用插头插座和耦合器 第 5 部分：低压岸电连接系统（LVSC 系统）用插头、插座、船用连接器和船用输入插座的尺寸兼容性和互换性要求

GB/T 12527 额定电压 1 kV 及以下架空绝缘电缆

GB/T 13869 用电安全导则

GB/T 14049 额定电压 10 kV 架空绝缘电缆

GB/T 16895.1 低压电气装置 第 1 部分：基本原则、一般特性评估和定义

GB/T 17949.1 接地系统的土壤电阻率、接地阻抗和地面电位测量导则 第 1 部分：常规测量

GB/T 18379 建筑物电气装置的电压区段

GB/T 19637 电器附件 家用和类似用途电缆卷盘

GB/T 50312 综合布线系统工程验收规范

DL/T 692 电力行业紧急救护技术规范

JB/T 6391.1 滑接输电装置 第 1 部分：绝缘防护型滑接输电装置

JGJ 46 施工现场临时用电安全技术规范

JTG F90 公路工程施工安全技术规范

JT/T 1404 公路水运工程安全生产条件通用要求

JT/T 1499 公路水运工程临时用电技术规程

15D202－2 柴油发电机组设计与安装（建筑标准设计图集）

《国家电网公司电力安全工作规程》（变电部分）

《国家电网公司电力安全工作规程》（线路部分）

《公路水运工程施工安全标准化指南》

# 3 常用术语和元器件

## 3.1 常用术语

### 3.1.1 电力系统 power system

由发电、供电（输电、变电、配电）、用电设施以及为保障其正常运行所需的调节控制及继电保护和安全自动装置、计量装置、调度自动化、电力通信等二次设施构成的统一整体。

### 3.1.2 电击 electric shock

电流通过人体或动物躯体而引起的生理效应。

### 3.1.3 直接接触 direct contact

人或动物与带电部分的接触。

### 3.1.4 间接接触 indirect contact

人或动物与故障情况下变为带电的外露导电部分的接触。

### 3.1.5 预装箱式变电站 prefabricated cubical substation

由高压开关设备、电力变压器、低压开关设备、电能计量设备、无功补偿设备、辅助设备和联结件等元件组成的成套配电设备，这些元件在工厂内被预先组装在一个或几个箱壳内，用来从高压系统向低压系统输送电能。

### 3.1.6 变压器单元 transformer unit

主要由一个或几个变压器组成的功能单元。

### 3.1.7 中性导体（N）neutral conductor

电气上与中性点连接并能用于配电的导体。

### 3.1.8 保护导体 protective conductor

由保护联结导体、保护接地导体和接地导体组成，起安全保护作用的导体。

注：保护导体能与下列部件进行电气连接：

——外露可导电部分；

——外界可导电部分；

——主接地端子；

——接地极；

——电源的接地点或人为的中性接点。

3.1.9　外电线路 external line

施工现场供配电线路以外的电力线路。

3.1.10　外露可导电部分 exposed conductive part

设备上能触及的可导电部分，它在正常状况下不带电，但在基本绝缘损坏时会带电。

3.1.11　安全隔离变压器 safety isolating transformer

设计成对 SELV（安全特低电压）或 PELV（保护特低电压）电路供电的隔离变压器。

3.1.12　布线系统 wiring system

由一根或几根绝缘导线、电缆或母线及其固定部分、机械保护部分构成的组合。

3.1.13　用电设备 current-using equipment

用于将电能转换成其他形式能量的电气设备。

3.1.14　电气设备 electrical equipment

用于发电、变电、输电、配电或利用电能的设备。

3.1.15　电气装置 electrical installation

由相关电气设备组成的，具有为实现特定目的所需的相互协调的特性组合。

3.1.16　特低电压 extra-low voltage

相间电压或相对地电压不超过交流方均根值 50 V 的电压。特低电压可分为安全特低电压（SELV）及保护特低电压（PELV）。

注：我国规定安全电压额定值的等级为 42 V、36 V、24 V、12 V、6 V。当电气设备采用的电压超过安全电压时，必须按规定采取防止直接接触带电体的保护措施。

3.1.17　安全特低电压系统 SELV system

在正常条件下不接地，且电压不超过特低电压的电气系统。

由隔离变压器或发电机、蓄电池等隔离电源供电的交流或直流特低电压回路。其回路导体不接地，电气设备外壳不有意连接保护导体（PE）接地，但可与地接触。

3.1.18　保护特低电压系统 PELV system

在正常条件下接地，且电压不超过特低电压的电气系统。

在正常工作条件下和单一故障条件下，它所呈现的电压值仍然是可以接触的安全电压。

3.1.19　母线槽 busway

由母线构成并通过型式试验的成套设备，这些母线经绝缘材料支撑或隔开固定走线槽或类似的壳体中。

3.1.20　电缆梯架 cable ladder

带有牢固地固定在纵向主支撑组件上的一系列横向支撑构件的电缆支撑物。

3.1.21　槽盒 trunking

用于围护绝缘导线和电缆，带有底座和可移动盖子的封闭壳体。

3.1.22　电缆支架 cable bearer

用于支持和固定电缆的支撑物，由整体浇注、型材经焊接或紧固件联接拼装而成的装置，但不包括梯架、托盘或槽盒。

3.1.23　导管 conduit

布线系统中用于布设绝缘导线、电缆的，横截面通常为圆形的管件。

3.1.24　电缆导管 cable ducts

电缆本体敷设于其内部受到保护和在电缆发生故障后便于将电缆拉出更换用的管子。有单管和排管等结构形式，也称为电缆管。

3.1.25　可弯曲金属导管 pliable metal conduit

徒手施以适当的力即可弯曲的金属导管。

3.1.26　柔性导管 flexible conduit

无须用力即可任意弯曲、频繁弯曲的导管。

3.1.27 接地导体 earth conductor

在布线系统、电气装置或用电设备的给定点与接地极或接地网之间，提供导电通路或部分导电通路的导体。

3.1.28 接地装置 earth-termination system

接地体和接地线的总和。

3.1.29 保护接地 protective earthing

为了电气安全，将系统、装置或设备的一点或多点接地。

3.1.30 接地电阻 earth resistance

接地体或自然接地体的对地电阻和接地线电阻的总和。接地电阻的数值等于接地装置对地电压与通过接地体流入地中电流的比值。

3.1.31 接地极 earth electrode

埋入土壤或特定的导电介质中、与大地有电接触的可导电部分。

3.1.32 自然接地体 natural earthing electrode

可作为接地用的直接与大地接触的各种金属构件、金属井管、钢筋混凝土建筑的基础、金属管道和设备等。

3.1.33 总接地端子 main earthing terminal，main earthing busbar

电气装置接地配置的一部分，并能用于与多个接地用导体实现电气连接的端子或总母线。又称总接地母线。

3.1.34 接地干线 earthing busbar

与总接地母线（端子）、接地极或接地网直接连接的保护导体。

3.1.35 保护联结导体 protective bonding conductor

用于保护等电位联结的导体。

3.1.36 外界可导电部分 extraneous-conductive-part

非电气装置的组成部分，且易于引入电位的可导电部分。

3.1.37 剩余电流 residual current

通过 RCD 主回路的电流矢量和的有效值。

3.1.38 剩余电流（动作）保护器（RCD）residual current device

在正常运行条件下能接通、承载和分断电流，并且当剩余电流达到规定值时能使触头断开的机械开关电器或组合电器。

3.1.39　剩余动作电流 residual operating current

使剩余电流保护器在规定条件下动作的剩余电流值。

3.1.40　额定剩余动作电流（$I_{\Delta n}$）rated residual operating current

制造厂对剩余电流动作保护器规定的剩余动作电流值。

3.1.41　联锁式铠装 interlocked armour

采用金属带按联锁式结构制作的，为电缆线芯提供机械防护的包覆层。

3.1.42　接闪器 air-termination system

由接闪杆、接闪带、接闪线、接闪网及金属屋面、金属构件等组成的，用于拦截雷电闪击的装置。

3.1.43　导线连接器 wire connection device

由一个或多个端子及绝缘体、附件等组成的，能连接两根或多根导线的器件。

3.1.44　断路器 circuit-breaker

能接通、承载以及分断正常电路条件下的电流，也能在所规定的非正常电路下接通、承载和分断电流的一种机械开关电器。

3.1.45　开关 switch

在正常电路条件下，能够接通、承载和分断电流，并在规定的非正常电路条件下，能在规定的时间内承载电流的一种机械开关电器。

3.1.46　隔离器 disconnector

在断开状态下能符合规定的隔离功能要求的机械开关电器。

3.1.47　隔离开关 switch-disconnector

在断开状态下能符合隔离器的隔离要求的开关。

3.1.48　熔断器组合电器 fuse-combination unit

将一个机械开关电器与一个或数个熔断器组装在同一个单元内的组合电器。

3.1.49　电涌保护器（SPD）surge protective device

限制瞬态过电压和泄放电涌电流的电器，它至少包含一个非线性的元件。也称为浪涌保护器。

**3.1.50　接触器 contactor**

仅有一个休止位置，能接通、承载和分断正常电路条件下的电流的非手动操作的机械开关电器。

**3.1.51　启动器 starter**

启动与停止电动机所需的所有接通、分断方式的组合电器，并与适当的过载保护组合。

**3.1.52　软启动器 soft starter**

一种特殊形式的交流半导体电动机控制器，其启动功能限于控制电压和（或）电流上升，也可包括可控加速；附加的控制功能限于提供全电压运行。软启动器也可提供电动机的保护功能。

**3.1.53　变频器 frequency converter**

是一种用来改变交流电频率的电气设备。此外，它还具有改变交流电电压的辅助功能。

**3.1.54　变阻器 rheostat**

由电阻材料制成的电阻元件或部件和转换装置组成的电器，可在不分断电路的情况下有级地或均匀地改变电阻值。

**3.1.55　熔断器 fuse**

当电流超过规定值足够长的时间后，通过熔断一个或几个特殊设计的相应部件，断开其所接入的电路并分断电源的电器。熔断器包括组成完整电器的所有部件。

**3.1.56　电缆线路 cable line**

由电缆、附件、附属设备及附属设施所组成的整个系统。

**3.1.57　金属套 metallic sheath**

均匀连续密封的金属管状包覆层。

**3.1.58　铠装层 armour**

由金属带或金属丝组成的包覆层。通常用来保护电缆不受外界的机械力作用。

3.1.59　电缆终端 cable termination

安装在电缆末端，以使电缆与其他电气设备或架空输电线相连接，并维持绝缘直至连接点的装置。

3.1.60　电缆接头 cable joint

连接电缆与电缆的导体、绝缘、屏蔽层和保护层，以使电缆线路连续的装置。

3.1.61　电缆桥架 cable tray

由托盘（托槽）或梯架的直线段、非直线段、附件及支吊架等组合构成，用以支撑电缆具有连续的刚性结构系统。

3.1.62　电缆构筑物 cable buildings

专供敷设电缆或安置附件的电缆沟、浅槽、隧道、夹层、竖（斜）井和工作井等构筑物。

3.1.63　电缆附件 cable accessories

电缆终端、接头及充油电缆压力箱统称为电缆附件。

3.1.64　电缆附属设备 cable auxiliary equipments

交叉互联箱、接地箱、护层保护器、监控系统等电缆线路组成部分的统称。

3.1.65　电缆附属设施 cable auxiliary facilities

电缆导管、支架、桥架和构筑物等电缆线路组成部分的统称。

3.1.66　建筑工地用低压成套开关设备和控制设备（ACS）low-voltage switchgear and controlgear assembly for construction sites

为户内和户外所有建筑工地使用而设计和制造的组合装置。该装置由一个或几个变压器或开关器件连同控制、测量、信号、保护和调节及其内部所有电气、机械连接和结构部分组成。

3.1.67　固定面板式成套设备 dead-front assembly

带有前护板的开启式成套设备，而其他的面仍可能易于触及带电部分。

3.1.68　封闭式成套设备（enclosed ACS）enclosed assembly

除安装面外，所有面都封闭的成套设备，用此方式提供确定的防护等级。

3.1.69 柜式成套设备 cubicle-type assembly

通常是指一种封闭的立式成套设备，它可以由若干个柜架单元、框架单元或隔室组成。

3.1.70 柜组式成套设备 multi-cubicle-type assembly

数个柜式成套设备机械地组合在一起的一种组合体。

3.1.71 台式成套设备 desk-type assembly

带有水平或倾斜控制面板，或二者兼有的封闭式成套设备，它配有控制、测量、信号等器件。

3.1.72 箱组式成套设备 multi-box-type assembly

数个箱式成套设备机械地组合在一起的一种组合体，它可带有或不带有公共支撑框架，可通过两个相邻的箱式成套设备的邻接面的开口进行电气连接。

3.1.73 电缆分接（分支）箱 cable dividing box

完成配电系统中电缆线路的汇集和分接功能，但一般不具备控制测量等二次辅助配置的专用电气连接设备。

3.1.74 带电部分 live part

正常运行中带电的导体或可导电部分，包括中性导体，但按惯例不包括PEN导体。

①中性导体（N）neutral conductor

电气上与中性点连接并能用于配电的导体。

②保护导体（PE）protective conductor

为了安全目的，用于电击防护所设置的导体。

③保护接地中性导体（PEN）PEN conductor

兼有保护导体（PE）和中性导体（N）功能的导体。

注：本概念不意味着有电击危险。

3.1.75 危险带电部分 hazardous live part

在某些条件下能造成伤害性电击的带电部分。

3.1.76 故障电流 fault current

由于绝缘损坏、跨接绝缘或电路错误连接所产生的电流。

3.1.77　额定电压 rated voltage

成套设备制造商宣称的成套设备预定连接的主电路交流电压（有效值）或直流电压的电气系统最大标称值。

注：1. 对于多相电路，系指相间电压；

2. 不考虑瞬态电压；

3. 由于系统允差，电源电压值可以超过额定电压。

3.1.78　电缆线路在线监控系统 cable tunnel and cable line on-line monitoring system

对电缆运行状态及电缆隧道等线路设施进行监测、分析、辅助诊断、报警与远程控制的系统。

监控系统由现场设备、传感器、信号采集单元、监控主机、监控子站、远程监控中心六部分组成。

3.1.79　智能用电管理系统 intelligent power management system

通过在配电箱安装智能物联用电感知终端、监测主机（内置 4G/5G 无线数据传输模块）、传感器等设备，监测配电箱每一回路负荷出线的电压、电流、电缆温度、剩余电流。

智能用电管理系统是通过在电源前端配电箱内线路、开关上关键节点，加装高灵敏度传感器，对能引起电气灾害的线缆温度、电压、电流、剩余电流等主要因素，进行实时、瞬时、连续监测和监测主机数据模块的统计、分析、判断，实现报警和自动调节、控制，以消除电气隐患的装置。

## 3.2　元器件及其代号

### 3.2.1　CCC——3C 认证

3C 认证的全称为"中国强制性产品认证"（China Compulsory Certification）。它是中国政府为保护消费者人身安全和国家安全、加强产品质量管理、依照法律法规实施的一种产品合格评定制度。中国政府为兑现加入世界贸易组织的承诺，于 2001 年 12 月 3 日对外发布了强制性产品认证制度，从 2002 年 5 月 1 日起，国家认监委开始受理第一批列入强制性产品目录的 19 大类 132 种产品的认证申请。

凡列入强制性产品认证目录内的产品，必须经国家指定的认证机构认证合格，取得相关证书并加施认证标志后，方能出厂、进口、销售和在经营服务场所使用。图3.2-1为中国3C认证的标志。

中国国家强制性产品认证

**图3.2-1  3C认证标志图**

注：临时用电工程中常用的3C认证电器用品主要属于第一批强制性认证产品目录。

1）电线电缆（共5种）

电线组件、矿用橡套软电缆、交流额定电压3kV及以下铁路机车车辆用电线电缆、额定电压450/750V及以下橡皮绝缘电线电缆、额定电压450/750V及以下聚氯乙烯绝缘电线电缆。

2）电路开关及保护或连接用电器装置（共6种）

耦合器（家用、工业用和类似用途器具）、插头插座（家用、工业用和类似用途）、热熔断体、小型熔断器的管状熔断体、家用和类似用途固定式电气装置的开关、家用和类似用途固定式电气装置电器附件外壳。

3）低压电器（共9种）

漏电保护器、断路器（含RCCB、RCBO、MCB）、熔断器、低压开关（隔离器、隔离开关、熔断器组合电器）、其他电路保护装置（保护器类：限流器、电路保护装置、过流保护器、热保护器、过载继电器、低压机电式接触器、电动机启动器）、继电器（36V＜电压≤1000V）、其他开关（电器开关、真空开关、压力开关、接近开关、脚踏开关、热敏开关、液位开关、按钮开关、限位开关、微动开关、倒顺开关、温度开关、行程开关、转换开关、自动转换开关、刀开关）、其他装置（接触器、电动机起动器、信号灯、辅助触头组件、主令控制器、交流半导体电动机控制器和起动器）、低压成套开关设备。

4）小功率电动机（共1种）

5）电动工具（共 16 种）

电钻（含冲击电钻）、电动螺丝刀和冲击扳手、电动砂轮机、砂光机、圆锯、电锤（含电镐）、不易燃液体电喷枪、电剪刀（含双刃电剪刀、电冲剪）、攻丝机、往复锯（含曲线锯、刀锯）、插入式混凝土振动器、电链锯、电刨、电动修枝剪和电动草剪、电木铣和修边机、电动石材切割机（含大理石切割机）。

6）电焊机（共 15 种）

小型交流弧焊机、交流弧焊机、直流弧焊机、TIG 弧焊机、MIG/MAG 弧焊机、埋弧焊机、等离子弧切割机、等离子弧焊机、弧焊变压器防触电装置、焊接电缆耦合装置、电阻焊机、焊机送丝装置、TIG 焊焊炬、MIG/MAG 焊焊枪、电焊钳。

7）家用和类似用途设备（共 18 种）

冰箱、空调器、洗衣机、电风扇、压缩机、电热水器、室内加热器、吸尘器、护理器具、电熨斗、电磁灶、电烤箱、电动食品加工器具、微波炉、炉灶类器具、吸油烟机、冷热饮水机、电饭锅。

8）音视频设备类（不包括广播级音响设备和汽车音响设备）。

9）信息技术设备（共 12 种）

微型计算机、便携式计算机、与计算机连用的显示设备、与计算机相连的打印设备、多用途打印复印机、扫描仪、计算机内置电源及电源适配器充电器、电脑游戏机、学习机、复印机、服务器、金融及贸易结算电子设备。

10）照明设备（共 2 种）（不包括电压低于 36 V 的照明设备）

灯具、镇流器等。

### 3.2.2　电气控制系统

电气控制系统是指由若干电气原件组合，用于实现对某个或某些对象的控制，从而保证被控设备（一次设备）安全、可靠地运行。亦称为电气设备二次控制回路，不同的设备有不同的控制回路，而且高压电气设备与低压电气设备的控制方式也不相同。电气控制系统主要功能有：自动控制、保护、监视和测量。根据控制器的不同类型，电气控制系统可以分为多种类型，其中最常用的三种是 PLC 控制系统、DCS 控制系统和 SCADA 控制系统。

1）PLC 控制系统

PLC 控制系统（Programmable Logic Controller）即可编程逻辑控制器，是

一种用于工业自动化控制的电脑。它是最常用、最重要、最普及、应用场合最多的工业自动化控制技术之一。

计算机技术和传统继电器触点控制技术的结合衍生了 PLC。PLC 系统改变了传统的电气设备控制方式，逐步取代了其他联锁装置和机械装置。它具有高级编程语言的语法和函数库，使用人员容易理解和操作，其接线简单、安装便捷、操作简便、可靠性高、功耗低、灵活性和可扩展性强，用户程序形象、直观、方便、易学，同时可以非常方便的寻找错误调试。

它运行速度、存储程序指令和数据、数据通信、数据处理能力强大，占有空间小，能够诊断整个系统的故障，可动态调节或扩展控制，数据也可在其他项目中多次使用。现代的 PLC 不单包含逻辑控制，在运动控制、过程控制等领域也具有十分重要的作用。

基本构成：一个 PLC 中通常是由三个模块构成的智能处理中心，三个模块分别为：中央处理单元（CPU）模块，是它的"大脑"；电源模块，是它的"血液"；而 I/O 模块，是它的手臂。

主要用途：依据机组的复杂程度将 PLC 系统分为大、中、小型。工业上常使用大型的 PLC 系统，而小型 PLC 适用于一般的工厂及学校。

工作原理：PLC 采用"顺序扫描，不断循环"的方式进行工作。用户按照具体的工作要求编制程序。PLC 工作时，CPU 按照程序的指定顺序依次扫描。如果程序中含有跳转指令，当扫描到跳转指令时，跳转到程序设定的位置继续扫描。程序中如果没有跳转指令，CPU 从开始依次扫描，逐一实现设定程序指令，当程序执行结束后，继续重新开始扫描，循环工作。在 CPU 工作过程中，还要同时不断地接受外部信号的输入，以及不断地向被控元件输出指令。

2）DCS 控制系统

DCS（Distributed Control System），即分散式控制系统，是一种多点控制器，具有更强的主机/终端结构，以适应大型工业流程，如化工、电力和制药等。DCS 控制系统具有多级计算机系统和各种 I/O 装置，可以快速响应工业流程中的变化。

与 PLC 相比，DCS 控制系统更适用于大型流程控制，可以控制数量众多的设备和工艺变量。此外，DCS 控制系统还具有更高的安全性和可靠性，可以保持工艺预期水平，确保生产一致性。

3）SCADA 控制系统

SCADA（Supervisory Control And Data Acquisition），即监控和数据采集系统，是一种监控自动化控制系统的软件和硬件组合。SCADA 控制系统通过编程和安装监视站，从控制系统中收集和记录各种监控信号和数据，并将其显示为视觉图像。

SCADA 控制系统主要用于远程监控和管理，可以监控和控制一个或多个分布式流程控制点，并且可以通过远程数据采集进行实时测量。SCADA 控制系统可以对任何系统进行监测和调整，其数据采集的速度和准确性越来越高，因此已经成为许多工业领域的必备技术。

### 3.2.3　LEB——局部等电位联结

LEB（Local Equipotential Bonding），也称局部等电位连接，是将分开的装置、导电物体用等电位连接导体或电涌保护器连接起来以减小电流等在它们之间产生的电位差。配电室、钢结构车间、喷涂车间（区域）、钢筋焊接台、钢结构梁及箱内、混凝土养护室、浴室等均应做局部等电位联接。

注 1：施工现场结构物（或临时结构物）内的接地导体、总接地端子和下列可导电部分应实施局部等电位联结：

（1）进出结构物外墙处的金属管线；

（2）便于利用的钢结构中的钢构件及钢筋混凝土结构中的钢筋。

接到总接地端子的保护联结导体的截面面积，其最小值应符合表 3.2-1 的规定。

表 3.2-1　保护联结导体的截面面积的最小值

| 导体材料 | 铜 | 铝 | 钢 |
|---|---|---|---|
| 最小截面积/mm² | 6 | 16 | 50 |

注 2：辅助局部等电位的联结导体应与区域内的下列可导电部分相连接：

（1）人员能同时触及的固定电气设备的外露可导电部分和外界可导电部分；

（2）保护接地导体；

（3）安装非安全特低电压供电的电动阀门的金属管道。

### 3.2.4　T——变压器

变压器是将高压交流电变换为符合施工现场使用电压、传输交流电能的一种静止的电器设备。项目施工现场配电常用的是 10.5 kV/0.4 kV 三相油浸式降压变压器，以及用作特定环境、照明等安全电压的隔离变压器。常见变压器见图 3.2 - 2。

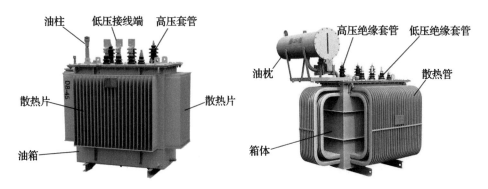

（a）三相油浸式电力变压器

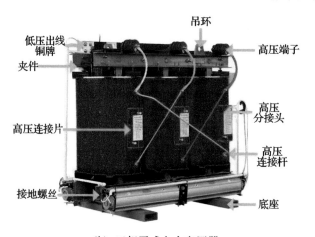

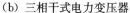

（b）三相干式电力变压器                （c）隔离变压器（提供安全电压）

**图 3.2 - 2   常见变压器**

注 1：油浸式降压变压器冷却方式代号及含义见表 3.2 - 2；

**表 3.2 - 2   油浸式变压器冷却方式代号及含义**

| 字母含义 | 字母 | 具体要求 |
|---|---|---|
| 第一个字母：<br>与绕组接触的冷却介质 | O | 矿物油或燃点大于 300 ℃的绝缘液体 |
| | K | 燃点大于 300 ℃的绝缘液体 |
| | L | 燃点不可测出的绝缘液体 |

| 字母含义 | 字母 | 具体要求 |
|---|---|---|
| 第二个字母：<br>内部冷却介质的循环方式 | N | 流经冷却设备和绕组内部的油流是自然的热对流循环 |
| | F | 冷却设备中的油流是强迫循环，流经绕组内部的油流是热对流循环 |
| | D | 冷却设备中的油流是强迫循环，至少在主要绕组内的油流是强迫导向循环 |
| 第三个字母：<br>外部冷却介质 | A | 空气 |
| | W | 水 |
| 第四个字母：<br>外部冷却介质的循环方式 | N | 自然对流 |
| | F | 强迫循环（风扇、泵等） |
| 例如 ONAN：冷却方式为内部油自然对流冷却方式，即通常所说的油浸自冷式 | | |

注 2：变压器使用中常见问题：

（1）避雷器接地电阻高、避雷器接地引下线截面太小或长度太长引起雷击过电压；

（2）变压器本身缺陷；

（3）过载、绕组绝缘受潮引起绝缘性能超标；

（4）铁芯多点接地；

（5）线路涌流；

（6）分接开关故障；

（7）引线接头过热；

（8）功率因数较低；

（9）用电高峰电力不足，用电峰谷电力过剩；

（10）变压器过载过热、绝缘子老化、未规范接地及冰凌短路等；

（11）绕组故障；

（12）油温过高，油位异常；

（13）变压器发声异常；

（14）铁芯绝缘和接地不良；

（15）过电压和过负载，变压器自动跳闸；

（16）套管故障；

（17）瓦斯保护故障；

（18）变压器渗漏油问题；

（19）变压器着火；

（20）分接开关故障等其他异常问题。

注 3：变压器着火

变压器着火也是一种危险事故，因变压器有许多可燃物质，处理不及时可能发生爆炸或使火灾扩大。变压器着火的主要原因是：

（1）套管的破损和闪落，油在油枕的压力下流出并在顶盖上燃烧；

（2）变压器内部故障使外壳或散热器破裂，使燃烧着的变压器油溢出。

变压器着火，应迅速作出如下处理：

（1）断开变压器各侧断路器，切断各侧电源，并迅速投入备用变压器，恢复供电；

（2）停止冷却装置运行；

（3）主变压器着火时，应先解列发电机；

（4）若油在变压器顶盖上燃烧时，应打开下部事故放油门放油至适当位置。若变压器内部着火时，则不能放油，以防变压器发生爆炸；

（5）迅速用灭火装置灭火，如用干式灭火器或泡沫灭火器灭火。必要时通知消防队灭火。发生这类事故时，变压器保护应动作使断路器断开。若因故障断路器未断开，应手动立即断开断路器，拉开可能通向变压器电源的隔离开关。

### 3.2.5　TA/TV——互感器

互感器又称为仪用变压器，是电流互感器（TA）和电压互感器（TV）的统称。它能将高电压变成低电压、大电流变成小电流，用于测量或保护系统。互感器的作用，就是将交流电压和大电流按比例降到可以用仪表直接测量的数值，便于仪表直接测量，同时为继电保护和自动装置提供电源。电力系统用互感器是将电网高电压、大电流的信息传递到低电压、小电流二次侧的计量、测量仪表，及继电保护、自动装置的一种特殊变压器，是一次系统和二次系统的联络元件，其一次绕组接入电网，二次绕组分别与测量仪表、保护装置等互相连接。互感器与测量仪表和计量装置配合，可以测量一次系统的电压、电流和电能；与继电保护和自动装置配合，可以构成对电网各种故障的电气保护和自动控制。常见互感器见图 3.2 - 3。

（a）高压互感器

（b）低压互感器

**图 3.2-3　常见互感器**

注：不同类型的互感器的接地应符合下列规定：

（1）分级绝缘的电压互感器，其一次绕组的接地引出端子应接地可靠；

（2）电容式电压互感器的接地应合格；

（3）互感器的外壳应接地可靠；

（4）电流互感器的备用二次绕组端子应先短路后接地；

（5）倒装式电流互感器二次绕组的金属导管应接地可靠。

### 3.2.6　H——照明器

施工现场照明灯具主要有金属卤素灯具、LED 防水灯具、低压照明灯具、防爆灯具、太阳能路灯、充电灯等，用作施工现场照明（图 3.2-4）。

潮湿、封闭场所应使用不大于 36 V 的照明灯具或充电头灯。

室外灯具防护等级不应低于 IP54，埋地灯具防护等级不应低于 IP67，水下灯具的防护等级不应低于 IP68。

（a）室内照明灯

（b）室外照明灯

（c）应急走道灯　　　　　　　　　　　（d）太阳能路灯

（e）防爆灯　　　　　　　　　　　　　（f）行灯

**图 3.2‑4　照明器示意图**

注：照明灯具使用中常见问题：

（1）室外金属外壳的照明灯具及灯杆未可靠接地或 PE 线未接通；

（2）在潮湿施工区域，灯具无防护罩及未采用安全电压或剩余电流保护开关额定漏电电流大于 15 mA；

（3）易爆易燃环境未采用防爆灯具、阻燃线路和防爆开关。

### 3.2.7　M——电动机

电动机又被叫做马达，是临时用电施工机械中把电能转化成机械能的一种设备，为设备提供动力能源。电动机按使用电源不同分为直流电动机和交流电动机，普通直流电机有 Z2、Z4 系列；交流电机分三相电机和单相电机（图 3.2－5），交流异步电机有 Y 系列（低压、高压、变频、电磁制动）、JSJ 系列（低压、高压、变频、电磁制动）；交流同步电机有 TD 系列和 TDMK 系列。

（a）三相电动机　　　　　　　　　　（b）单相电动机

**图 3.2－5　电动机示意图**

注：1. 电动机按绝缘等级分为：Y 级、A 级、E 级、B 级、F 级、H 级、C 级，具体指标见表 3.2－3。

**表 3.2－3　电动机绝缘等级指标表**

| 绝缘等级 | Y | A | E | B | F | H | C |
|---|---|---|---|---|---|---|---|
| 工作极限温度/℃ | 90 | 105 | 120 | 130 | 155 | 180 | >180 |
| 温升/℃ | 50 | 60 | 75 | 80 | 100 | 125 | |

2. 电动机保护技术应包括在电机出现过载、缺相、堵转、短路、过压、欠压、漏电、三相不平衡、过热、轴承磨损、定转子偏心、轴向窜动、径向跳动时，予以报警或保护；为电动机提供保护的装置是电机保护器，包括热继电器、电子式保护器和智能型保护器，大型和重要电机一般采用智能型保护装置，主要分为差动保护和过载保护。

3. 电动机引发火灾原因有以下几个方面：

（1）过载，会造成绕组电流增加，绕组和铁芯温度上升，严重时会引发火灾；

（2）断相运行，电动机虽然还能运转，但绕组电流会增大以致烧毁电动机而引发火灾；

（3）接触不良，会造成接触电阻过大而发热或者产生电弧，严重时可引燃电动机内可燃物进而引发火灾；

（4）绝缘损坏，形成相间和匝间短路，进而引发火灾；

（5）机械摩擦，轴承损坏时可造成定子、转子摩擦或电动机轴被卡，产生高温或绕组短路而引发火灾；

（6）选型不当；

（7）铁芯消耗过大，会使涡流损耗过大造成铁芯发热和绕组过载，严重时引发火灾；

（8）接地不良，当电动机绕组发生短路时，如果接地不良，会导致电动机外壳带电，一方面可引起人身电击事故，另一方面致使机壳发热，严重时引燃周围可燃物而引发火灾。

4. 电动机使用中常见问题：

（1）因过载导致电机绕组损坏；

（2）启动电压偏低；

（3）线路过长，致电机长期低压运行；

（4）电缆过旧，绝缘损坏；

（5）电机受潮绝缘电阻过低；

（6）碰壳短路；

（7）移动开关箱依照功率较大设备配置开关元器件，导致剩余电流保护器额定电流过大等。

### 3.2.8 W——电焊机（焊割设备）

定义和用途：电焊机是利用正负两极在瞬间短路时产生的高温电弧来熔化电焊条上的焊料和被焊材料，使被接触物原子相结合的金属材料焊接机械。其结构就是一个简单大功率的变压器。

电焊机按输出电源种类可分为交流电焊机和直流电焊机两种。

传统焊割设备采用交流电源，由于电流和电压方向频繁改变，每秒钟电弧要熄灭和重新引燃 100～120 次，电弧不能连续稳定燃烧，使得工件加热时间较长，降低了焊缝的强度，难以满足高质量焊接的要求。新兴的逆变焊割设备抗干扰能力强，不易受电网电压波动和温度变化的影响。逆变焊割设备主要有三种：逆变直流手工弧焊机、逆变半自动气体保护焊机，主要用于低碳钢、中碳钢及合金钢等多种金属焊接；逆变氩弧焊机主要用于不锈钢、铝、钛、锆等的焊接，特别是不锈钢薄板焊接；逆变空气等离子切割机用于切割碳钢、不锈钢、合金钢、铝、铜等绝大多数金属和非金属。

电焊机优点：电焊机采用电能作为能源，而电能很普遍，便于输送；电焊机能瞬间转换电能为热能，无太多的其他要求；加之电焊机体积较小，只要干燥的环境下就可以工作，所以电焊机有以下优点：操作简单、使用方便、速度较快，以及焊接后焊缝结实，被广泛用于各个领域，特别对要求强度很高的制件特别实用，可以瞬间将同种金属材料（也可将异种金属连接，只是焊接方法不同）永久性地连接，焊缝经热处理后，与母材同等强度，密封很好。

电焊机缺点：电焊机在使用的过程中焊机的周围会产生一定的磁场，电弧燃烧时会向周围产生辐射，弧光中有红外线、紫外线等，还有金属蒸气和烟尘等有害物质，所以操作时必须要做足够的防护措施。电焊机不适用于高碳钢的焊接，由于焊接焊缝金属结晶和偏析及氧化等过程，对于高碳钢来说焊接性能不良，焊后容易开裂，产生热裂纹和冷裂纹。低碳钢虽有良好的焊接性能，但过程中要操作得当，且除锈清洁较为烦琐，有时焊缝会出现夹渣、裂纹、气孔、咬边等缺陷，但操作得当会降低缺陷的产生。示意图片（图 3.2-6）：

常用的焊机有：交流弧焊机、直流电焊机、氩弧焊机、二氧化碳气体保护焊机、对焊机、点焊机、埋弧焊机、高频焊缝机、闪光对焊机、压焊机、碰焊机、激光焊机等。碳弧气刨焊机使用石墨棒或碳棒与工件间产生的电弧将金属熔化，并用压缩空气将其吹掉，实现在金属表面上加工沟槽的方法。

（a）埋弧电焊机

（b）二氧化碳气体保护电焊机

（c）交流电焊机

（d）逆变直流电焊机

（e）氩弧焊机

（f）焊把线和搭铁线

（g）碳弧气刨焊机

（h）等离子切割焊机

图 3.2-6　电焊机示意图

使用中常见问题：未配置二次侧保护器；电缆老化；电源接线及接地线不规范；电焊手把及电源线防护罩损坏引起触电；割焊熔渣飞溅或掉落引起烫伤、火灾、爆炸；弧光灼伤皮肤、眼睛等。

### 3.2.9 QS——隔离开关

定义和用途：隔离开关主要用于隔离电源、倒闸操作，用以连通和切断小电流电路，是无灭弧功能的开关器件。可以使所维修的设备与电源有显著的断开点，以确保维修人员的安全。隔离开关在分位置时，触头间有符合规定要求的绝缘距离和明显的断开标志；在合位置时，能承载正常回路条件下的电流及在规定时间内异常条件（例如短路）下的电流的开关设备。

隔离开关的配置要求：①断路器的两侧均应配置隔离开关，以便在断路器检修时形成明显的断口与电源隔离。②中性点直接接地的普通变压器，均应通过隔离开关接地。③在母线上的避雷器和电压互感器，宜合用一组隔离开关，保证电器和母线的检修安全，每段母线上宜装设1~2组接地刀闸。④接在变压器引出线或中性点的避雷器可不装设隔离开关。⑤当馈电线路的用户侧没有电源时，断路器通往用户的那一侧可以不装设隔离开关。

高压隔离开关应每2年检修1~2次。

示意图片（图3.2-7）：

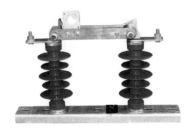

（a）高压隔离开关　　　　　　　（b）负荷式隔离开关

（c）总配电箱用熔断器式隔离开关　　（d）分配、开关箱用熔断器式隔离开关

**图3.2-7　隔离开关示意图**

使用中常见问题：隔离开关应按正确操作顺序操作；隔离开关的触头全部敞露在空气中，具有明显的断开点，但隔离开关没有灭弧装置，因此不能用来切断负荷电流或短路电流，否则在高压作用下，断开点将产生强烈电弧，并很难自行熄灭，甚至可能造成飞弧（相对地或相间短路），烧损设备，危及人身安全，这是"带负荷拉隔离开关"的严重事故。

### 3.2.10　QF——断路器

定义和用途：断路器是指能接通、承载和分断正常电路条件下的电流，也能在短路等规定的非正常条件下接通、承载电流一定时间和分断电流的一种机械开关电器。断路器具有完善的灭弧系统，能在各种条件下接通、断开正常电流和故障电流，并具有欠压、过压、过流、短路等各种保护功能。断路器按其使用范围分为高压断路器和低压断路器，高压断路器按灭弧介质可分为：油断路器、压缩空气断路器、磁吹断路器、真空断路器、六氟化硫断路器、自产气断路器，低压断路器又称自动开关，俗称"空气开关"。施工现场通常使用以空气为绝缘介质的空气断路器，除了具备最基本的开断电路功能外，也可选用具备过载、短路、欠压保护功能的断路器。带熔丝断路器目前在项目中使用较少。

真空断路器采用真空作为绝缘介质，可广泛使用在 0.4～20 kV，50 Hz 三相交流系统中的户内配电装置，可供工矿企业、发电厂、变电站中作为电器设备的保护和控制之用，特别适用于要求无油化、少检修及频繁操作的使用场所，断路器可配置在中置柜、双层柜以及固定柜中作为控制和保护高压电气设备用。

低压断路器按结构功能和用途可分为：万能式、塑料外壳式、灭磁式、爆炸式、真空式和选相闭合式。

低压断路器品种主要有 ACB、MCCB（配电保护、电动机保护）、漏电断路器、小型断路器、真空断路器、直流快速断路器。

低压断路器按产品极数分类：单极、二极、三极、四极。

低压断路器按额定电流（A）分类：6 A、10 A、16 A、20 A、25 A、32 A、40 A、50 A、63 A、80 A、100 A、125 A、160 A、180 A、200 A、225 A、250 A、400 A、630 A、800 A、1 000 A、1 250 A。

低压断路器按接线方式分类：板前接线、板后接线、插入式三种。

低压断路器按过电流脱扣器型式分类：液压电磁式、热磁式。

DZ20 系列塑壳断路器的额定绝缘电压为 660 V，交流 50 Hz 或 60 Hz、额定工作电压为 380 V，其额定电流为 1 250 A。一般作为配电用，额定电流 225 A 及以下和 400Y 型的断路器亦可作为保护电动机用。在正常情况下，断路器可分别作为线路不频繁转换及电动机的不频繁启动之用。DZ20 系列塑壳断路器型号及含义：

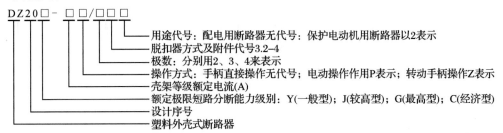

M1 系列塑料外壳式断路器额定绝缘电压至 800 V（63 型为 500 V），适用于交流 50 Hz，额定工作电压至 690 V，额定工作电流从 10 A 至 250 A（1 250 A）的配电网络电路中。M1 断路器型号及含义：

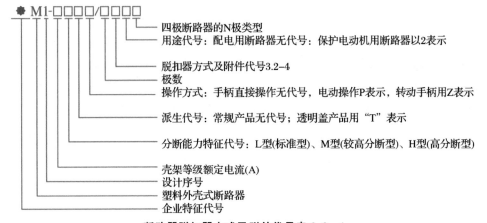

**断路器脱扣器方式及附件代号表 3.2－4**

| 附件名称 | 不带附件 | 报警触头 | 分励脱扣器 | 二组辅助触头 | 欠电压脱扣器 | 分励脱扣器二组辅助触头 | 分励脱扣器欠电压脱扣器 | 四组辅助触头 |
|---|---|---|---|---|---|---|---|---|
| 过电流脱扣器方式 | 代号 | | | | | | | |
| 瞬时脱扣器 | 200 | 208 | 210 | 220 | 230 | 240 | 250 | 260 |
| 复式脱扣器 | 300 | 308 | 310 | 320 | 330 | 340 | 350 | 360 |

（续表）

| 附件名称 | 二组辅助触头欠电压脱扣器 | 分励脱把器报警触头 | 二组辅助触头报警触头 | 欠电压脱扣器报警触头 | 分励脱扣器二组辅助触头报警触头 | 分励脱把器欠电压脱扣器报警触头 | 四组辅助触头报警触头 | 二组辅助触头欠电压脱扣器报警触头 |
|---|---|---|---|---|---|---|---|---|
| 过电流脱扣器方式 | 代号 | | | | | | | |
| 瞬时脱扣器 | 270 | 218 | 228 | 238 | 248 | 258 | 268 | 278 |
| 复式脱扣器 | 370 | 318 | 328 | 338 | 348 | 358 | 368 | 378 |

低压断路器也称为自动空气开关，主触点闭合后，自由脱扣机构将主触点锁在合闸位置上。过电流脱扣器的线圈和热脱扣器的热元件与一次电路串联，欠电压脱扣器的线圈和电源并联。当电路发生短路或严重过载时，过电流脱扣器的衔铁吸合，使自由脱扣机构动作，主触点断开一次电路。当电路过载时，热脱扣器的热元件发热使双金属片上弯曲，推动自由脱扣机构动作。当电路欠电压时，欠电压脱扣器的衔铁释放，也使自由脱扣机构动作。分励脱扣器则作为远距离控制用，在正常工作时，其线圈是断电的，在需要距离控制时，按下启动按钮，使线圈通电。

断路器可垂直安装（即竖装），亦可水平安装（即横装）。ENSLE 塑壳漏电断路器用来对人提供间接接触保护，也可以防止因设备绝缘损坏，产生接地故障电流而引起的火灾危险，并可用来分配电能和保护线及电源设备的过载的短路，还可以作为线路的不频繁转换和电动机不频繁启动之用。

空气开关上面的 C、D 代表的是断路器的脱扣曲线，国际上通用的脱扣特征（曲线）一共有：A、B、C、D 四种类型。断路器脱扣曲线的选择，一般根据负荷的种类和特性来决定。例如一般 LED 或荧光灯照明回路，接通电源的瞬间产生的电流（这时称为冲击电流，或启动电流）为额定电流的 1.2 倍左右，则保护开关可选 B 型或 C 型断路器；鼠笼式电机启动时，启动电流为额定工作电流的 7~14 倍，则保护开关应选用 D 型，可躲开冲击电流，等启动完成后才进行正常的保护动作。否则电机刚一启动，断路器就会跳闸。

断路器的 C 特性适用于照明的感性负荷和高感照明系统线路保护；

断路器的 D 特性适用于动力的高感性负荷和有较大冲击电流供配电线路

保护。

电动机的启动冲击电流在具有 D 特性断路器的有效保护下，有效地保护了本级的设备及线路，至于其上级是否为 D、C 特性均不再重要；除非该级 D 特性断路器选型过大，在短路状态下上级断路器先于其动作。

按照国家标准要求，合格的 D 型断路器的脱扣电流应在额定电流的 $10\sim14$ 倍，C 型断路器的脱扣电流在额定电流的 $5\sim10$ 倍。比如额定电流 32 A 的断路器，C 型断路器短路分断能力大概是 $160\sim320$ A；D 型大概为 $320\sim448$ A。

总电源断路器的大小、极数、类型应该由计算电流而定，一般电流 630 A 以上用框架式断路器，电流 630 A 以下用塑壳，电流小于 63 A 的可以考虑微型断路器，对脱扣要求高也可以选塑壳。

示意图片（图 3.2 - 8）：

（a）万能式智能断路器

（b）室外用透明塑壳式断路器

（c）微型断路器（两极）

（d）微型断路器（单极）

（e）微型断路器（单极）　　　　　（f）室内真空断路器

**图 3.2‑8　断路器示意图**

使用中常见问题：断路器选用和施工现场临时用电实际工作参数不匹配，保护功能失效或动作过频。

### 3.2.11　R——熔断器

定义和用途：主要起到保护电路安全运行的作用，当电流超过规定值时，熔断器以自身产生的热量使熔体熔断，进而断开电路。

熔断器根据使用电压可分为高压熔断器和低压熔断器。根据保护对象可分为保护变压器用和一般电气设备用的熔断器、保护电压互感器的熔断器、保护电力电容器的熔断器、保护半导体元件的熔断器、保护电动机的熔断器和保护家用电器的熔断器等。根据结构可分为敞开式、半封闭式、管式和喷射式熔断器。

常用的熔断器有：插入式熔断器、螺旋式熔断器、封闭式熔断器、快速熔断器和自复熔断器。

熔断器额定电流应不小于单一设备额定电流的 1.5 倍。

示意图片（图 3.2‑9）：

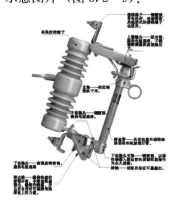

（a）10 kV 下杆线常用户外熔断器　　　　　（b）插入式熔断器

（c）熔断器（三极）　　　　（d）螺旋式熔断器（单极）

**图 3.2－9　熔断器示意图**

　　使用中常见问题：随意更换熔断器规格，或使用铜丝等替代熔丝，导致熔断器保护作用减弱或失效，单相熔断会出现缺相运行。

### 3.2.12　KM——交流接触器

　　定义和用途：交流接触器常采用双断口电动灭弧、纵缝灭弧和栅片灭弧三种灭弧方法。用以消除动、静触头在分、合过程中产生的电弧。用于远距离频繁地接通和分断交直流一次电路和大容量控制电路的电器，其主要控制对象是电动机，也可以控制其他电力负载，如电热器、照明灯、电焊机组等。交流接触器有两种工作状态：失电状态（释放状态）和得电状态（动作状态）。当吸引线圈通电后，使静铁芯产生电磁吸力，衔铁被吸合，与衔铁相连的连杆带动触头动作，使常闭触头断开，接触器处于得电状态；当吸引线圈断电时，电磁吸力消失，衔铁复位，使常开触头闭合，在弹簧作用下释放，所有触头随之复位，接触器处于失电状态，其基本工作原理图见图 3.2－10。

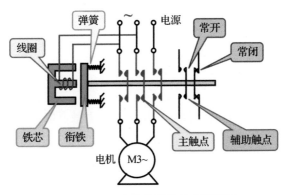

**图 3.2－10　交流接触器基本原理图**

示意图片（图 3.2 - 11）：

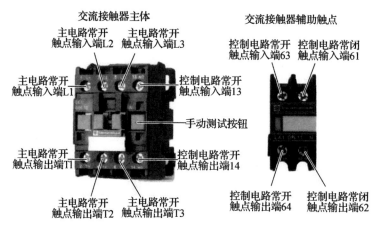

图 3.2 - 11　交流接触器示意图

使用中常见问题：未进行定期维护保养，发生触点接触不良或粘连，导致设备故障。

### 3.2.13　FR——热继电器

定义和用途：热继电器的作用是电动机过负荷时自动切断电源，热继电器是由两片膨胀系数不同的金属片构成的，电流过大时膨胀系数大的先膨胀，当形变达到一定距离时，就推动连杆动作，使控制电路断开，从而使接触器失电，主电路断开，实现电动机的过载保护。热继电器动作后有人工复位和自动复位两种方式。

热继电器设置整定值的时候一定要遵循以下原则：整定值应是正常运行电流的1～1.15倍，如果设定的整定值过低，那么一旦电机出现一点过流就会启动断开保护，将增加维修成本；设置整定值过高就会出现当电机过载或缺相过流的时候也不会启动断开保护。

有些型号的热继电器通过差动放大作用具有断相保护功能。普通热继电器基本工作原理图见图3.2-12。

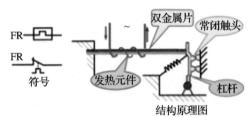

工作原理：发热元件接入电机主电路，若长时间过载，双金属片被加热．因双金属片的下层膨胀系数大，使其向上弯曲，杠杆被弹簧拉回，常闭触点断开。

**图3.2-12　热继电器基本原理图**

示意图片（图3.2-13）：

**图3.2-13　热继电器示意图**

使用中常见问题：热继电器选型或动作整定值设定不正确，导致电机过载时不保护或保护频繁。

使用中检查要点：①热继电器动作后复位要一定的时间，自动复位时间应在5 min内完成，手动复位要在2 min后才能按下复位按钮；②当发生短路故障后，要检查热元件和双金属片是否变形，如有不正常情况，应及时调整，但不能将元件拆下；③使用中的热继电器每周应检查一次，具体检查是：热继电器有无过热、异味及放电现象，各部件螺丝有无松动，脱落及解除不良，表面有无破损及清洁与否；④使用中的热继电器每年应检修一次，具体内容是：清扫卫生，查修零部件，测试绝缘电阻应大于 1 MΩ，通电校验，经校验过的热继电器，除了接线螺钉之外，其他螺钉不要随便拧动；⑤更换热继电器时，新安装的热继电器必须符合原来的规格与要求；⑥定期检查各接线电有无松动，在检修过程中绝不能折弯双金属片。

3.2.14　KA——中间继电器

定义和用途：电路中常作为开关的器件，根据其线圈控制电压可分为交流继电器和直流继电器。小电流负荷情况下可直接控制设备的接通或断开电路。大电流负荷时作为间接控制器件通过控制主继电器触点吸合或释放，以控制相关设备运行或停转。

中间继电器与接触器的主要区别在于：接触器的主触点可以通过大电流；中间继电器的触点组数多，并且没有主、辅之分，各组触点允许通过的电流大小是相同的，其额定电流约为 5 A。

中间继电器作用：①代替小型接触器；②增加触点数量；③增加触点容量；④转换接点类型；⑤用作小容量开关；⑥转换电压；⑦消除电路中的干扰。

示意图片（图 3.2-14）：

**图 3.2-14　中间继电器示意图**

使用中常见问题：未进行定期维护保养，发生触点接触不良或粘连，导致设备故障。

3.2.15　SB——按钮

定义和用途：按钮也称为按键，是一种常用的控制电器元件，常用来接通或断开"控制电路"（其中电流很小），从而达到控制电动机或其他电气设备运行目的的一种开关。常见的按钮主要用作急停按钮、启动按钮、停止按钮、组合按钮（键盘）、点动按钮、复位按钮。

按钮分为：①常开按钮：开关触点断开；②常开常闭按钮：开关触点既有接通也有断开的按钮；③动作点击按钮：鼠标点击按钮。

一般而言，红色按钮是用来使某一功能停止，而绿色按钮，则可开始某一项功能。按钮的形状通常是圆形或方形。

示意图片（图 3.2-15、图 3.2-16）：

**图 3.2-15　急停按钮和带指示按钮示意图**

**图 3.2-16　按钮示意图**

使用中常见问题：未进行定期维护保养，发生机械结构卡死或触点接触不良或粘连，导致设备故障。

### 3.2.16　SA——转换开关

定义和用途：转换开关是一种切换多回路的低压开关，转换开关主轴上叠焊多个动触头，轴转动时动触头依次与静触头接通或分断，切换电路。把电路从一组连接改换到另一组连接的电器。有分立式和集成式两种，主要用于各种控制线路转换、电压表、电流表换相测量控制、配电装置线路转换和遥控等，转换开关还用于直接控制小容量电动机启动、调速和换向。

示意图片（图 3.2 - 17）：

**图 3.2 - 17　转换开关示意图**

使用中常见问题：未进行定期维护保养，发生机械结构卡死或触点接触不良或粘连，导致设备故障。

### 3.2.17　SQ——行程开关

定义和用途：行程开关又称限位开关，是一种常用的小电流主令电器。利用生产机械运动部件的碰撞使其触头动作来实现接通或分断控制电路，达到一定的控制目的。通常，这类开关被用来限制机械运动的位置或行程，使运动机械按一定位置或行程自动停止、反向运动、变速运动或自动往返运动等。

常规国产行程开关：LX19 系列中的 LX19 - 001/111，LXK3 系列中的 LXK3 - 20S/T，JLXK1 系列中的 JLXK1 - 111/411/511 最具代表性，产品有结构简单、功能实用、价格低廉的优势。

进口行程开关：WL 系列、HL 系列、D4V 系列、SZL - WL 系列最具代表性，产品做工精细、性能优越，在极端环境中的表现更为突出，但价格高昂。

耐高温行程开关：最具影响力的是 YNTH 系列耐高温行程开关，一般用在炼钢厂的比较多。YNTH 行程开关能在高温的环境中正常工作，最高工作温度为 350 ℃，工作环境的温度增高，产品的寿命就会相应的下降，超过 300 ℃要通过降低开关的工作量来保证产品的寿命。产品价格低廉，性能稳定。

防水行程开关：国产防水行程开关中 YNFS（TZ）系列较为突出。YNFS 行程开关具有体积小、灵敏度高、密封性强、耐油防腐蚀的特点，可以放在水中工作。

行程开关按其结构可分为直动式、滚轮式、微动式和组合式。

示意图片（图 3.2 - 18）：

图 3.2 - 18　行程开关示意图

使用中常见问题：限位开关机械动作机构位置调整错误，维修保养不到位导致动作机构卡死或触点锈蚀导致行程开关不能正常工作。

### 3.2.18　泄漏电流（leakage current）

定义和用途：任何一种绝缘材料，在其两端施加电压，总会有一定电流通过，这种电流的有功分量叫做泄漏电流，而这种现象也叫做绝缘体的泄漏。一般是指电器在正常工作时，其火线与零线之间产生的极为微小的电流，相当于一般电器的静电一样，测试时用泄漏电流测试仪，主要测试其 L 极与 N 极。

泄漏电流包括两部分，一部分是通过绝缘电阻的传导电流 $I_1$；另一部分是通过分布电容的位移电流 $I_2$，后者容抗为 $X_C = 1/(2\pi fC)$ 与电源频率成反比，分布电容电流随频率升高而增加，所以泄漏电流随电源频率升高而增加。较长布线会形成较大的分布容量，增大泄漏电流，这一点在不接地的系统中应特别引起注意。

泄漏电流分为：污秽绝缘子的泄漏电流、电介质的泄漏电流、电源滤波器的泄漏电流。

泄漏电流测量中所用的电源一般均由高压试验变压器或串联谐振耐压装置供给，并用微安表直接读取泄漏电流。它与绝缘电阻测量相比有如下特点：

（1）试验电压高，并且可随意调节，容易使绝缘本身的弱点暴露出来。因为绝缘中的某些缺陷或弱点，只有在较高的电场强度下才能暴露出来。

（2）泄漏电流可由微安表随时监视，灵敏度高，测量重复性也较好。

（3）根据泄漏电流测量值可以换算出绝缘电阻值，而用兆欧表测出的绝缘电阻值则不可换算出泄漏电流值。

（4）可以用 $i = f(u)$ 或 $i = f(t)$ 的关系曲线并测量吸收比来判断绝缘缺陷。在直流电压作用下，当绝缘受潮或有缺陷时，电流随加压时间下降得比较慢，最终达到的稳态值也较大，即绝缘电阻较小。

常用电器、线路、电动机的泄漏电流值见表 3.2-4～表 3.2-6：

表 3.2-4 常用电器的泄漏电流参考值

| 设备名称 | 泄漏电流/mA |
|---|---|
| 计算机 | 1～2 |
| 打印机 | 0.5～1 |
| 小型移动式电器 | 0.5～0.75 |
| 电传复印机 | 0.5～1 |
| 复印机 | 0.5～1.5 |
| 滤波器 | 1 |
| 荧光灯（安装在金属构件上） | 0.1 |
| 荧光灯（安装在非金属构件上） | 0.02 |

表 3.2-5 220/380 V 单相及三相线路穿管敷设电线泄漏电流参考值

单位：mA/km

| 绝缘材质 | 导线截面积/mm² | | | | | | | | | | | | |
|---|---|---|---|---|---|---|---|---|---|---|---|---|---|
| | 4 | 6 | 10 | 16 | 25 | 35 | 50 | 70 | 95 | 120 | 150 | 185 | 240 |
| 聚氯乙烯 | 52 | 52 | 56 | 62 | 70 | 70 | 79 | 89 | 99 | 109 | 112 | 116 | 127 |
| 橡胶 | 27 | 32 | 39 | 40 | 45 | 49 | 49 | 55 | 55 | 60 | 60 | 60 | 61 |
| 聚乙烯 | 17 | 20 | 25 | 26 | 29 | 33 | 33 | 33 | 33 | 38 | 38 | 38 | 39 |

（5）电动机的泄漏电流参考值见表 3.2-6：

表 3.2-6 电动机的泄漏电流参考值

| 电动机额定功率/kW | 1.5 | 2.2 | 5.5 | 7.5 | 11 | 15 | 18.5 | 22 | 30 | 37 | 45 | 55 | 75 |
|---|---|---|---|---|---|---|---|---|---|---|---|---|---|
| 正常运行的泄漏电流/mA | 0.15 | 0.18 | 0.29 | 0.38 | 0.50 | 0.57 | 0.55 | 0.72 | 0.87 | 1.00 | 1.09 | 1.22 | 1.48 |

3.2.19 RCD——剩余电流保护器，漏电断路器，剩余电流断路器

定义和用途：用于在设备发生漏电故障时，及对有致命危险的人身触电进行保护。采用剩余电流动作保护电器时应装设保护接地导体（PE），并且达到大电流接地状态，方可有效保护。剩余电流保护器是在人体发生单相触电事故时，才能起到保护作用，如果人体对地处于绝缘状态，一旦触及了两根相线或一根相线与一根中性线时，保护器并不会动作，即此时它起不到保护作用。

（1）剩余电流保护器按作用原理分为以下几种：热式剩余电流保护器，使用热元件来监测漏电，一旦发现漏电超过预设的安全值，就会自动断开电源；磁式剩余电流保护器，使用磁元件来监测漏电，一旦发现漏电超过预设的安全值，就会自动断开电源；电容式剩余电流保护器，使用电容元件来监测漏电，当漏电超过预设的安全值时，就会自动断开电源；智能剩余电流保护器，有一个可编程的微处理器，通过软件进行漏电的监测，一旦发现漏电超过预设的安全值，就会自动断开电源。

（2）按保护功能和结构特征一般可分为剩余电流保护继电器、剩余电流保护开关（即漏电断路器）和剩余电流保护插座等三种。

（3）按工作原理，可以分类为电压动作型剩余电流保护器、电流动作型剩余电流保护器。

（4）按中间环节的结构特点，可以分类为电磁式剩余电流保护器、电子式剩余电流保护器。

（5）按额定漏电动作电流值，高灵敏度的漏电动作电流在 30 mA 以下，中灵敏度的为 30~1 000 mA，低灵敏度的为 1 000 mA 以上。

（6）按动作时间可分为：快速型，漏电动作时间小于 0.1 s；延时型，动作时间大于 0.1 s，在 0.1~2 s 之间；反时限型，漏电电流增加，漏电动作时间减

小，当动作电流是额定漏电电流时，动作时间为 0.2～1 s；是 1.4 倍额定漏电电流时为 0.1～0.5 s，是 4.4 倍额定漏电电流时为小于 0.05 s。

（7）按主开关的回路和电流的极数，可以分类为单极二线剩余电流保护器、二极剩余电流保护器、二极三线剩余电流保护器、三极剩余电流保护器、三极四线剩余电流保护器、四极剩余电流保护器。

漏电断路器型号有：M1LE，DZ20L，DZ47LE，DZ158LE，DZ12LE，DZ15LE，NB1LE，DZ267LE，VigiiC65 ELE，Vigi NG125L，Vigi DPN 等，每个厂的叫法又不一样。低压的剩余电流保护器有 DZL18‐20 系列漏电开关（两极）、DZL31 剩余电流保护器（两极）、K 系列剩余电流保护器（2、3、4 极）、DBK2 系列剩余电流保护开关、DZL43、FIN 系列剩余电流保护开关、E4FL 系列剩余电流保护器、F360 系列剩余电流保护开关、DZL29 系列剩余电流保护器等系列型号。

GAG 系列漏电断路器是一款应用广泛的剩余电流保护设备，主要应用于电力、石化、冶金、建筑、交通、民用等领域。其额定电压为 380 V，额定漏电动作电流范围为 30～300 mA。同时，其还拥有过载、短路保护功能，成为企业及家庭电路中的必备品。

LEAKAGE 系列漏电断路器是一款外形简约、功能强大的剩余电流保护设备。该系列漏电断路器适用于额定电压为 230 V 和 400 V 的交流电路，并可在直流电路中选用。其漏电动作保护电流最大可选 300 mA。此外，该产品还具有过载和短路保护功能，保障用电安全。

CHINT NB6LE 漏电断路器是一款小型漏电断路器，适用于照明电缆、弱电电缆、机器用电等场景。其额定电压为 230 V 或 400 V，额定漏电动作保护电流范围为 10～300 mA。其体积小巧、安装方便、操作简单，成为一款家庭、工厂、办公室等场所常用的电气保护设备。

AEG L3540 漏电断路器是一款质量优良、品质可靠的剩余电流保护设备。该产品适用于频繁启动或急停负载设备，如机床、起重机、空调等。其额定电压为 230 V 或 400 V，漏电动作保护电流范围为 100～500 mA，同时还具有过载和短路保护功能。

ABB F202 漏电断路器是一款高端、智能型剩余电流保护设备，适用于高档电器设备、机房、办公楼、商厦等场景。其额定电压为 230 V 或 400 V，漏电动作保护电流范围为 10～300 mA。其具备远程监控、自动报警、自动断电等功能，已成为用户更加放心的电气保护设备。

DZ20L 系列产品型号及含义：

DZ20 L - □□/□□

脱扣器方式及附件代号3.2-4
极数(见注2)
操作方式(见注1)
壳架等级额定电流
漏电派生代号
设计代号
塑料外壳式断路器

** M1 漏电断路器型号及含义：

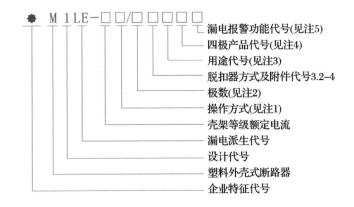

❀ M 1 LE - □□/□□□□□

漏电报警功能代号(见注5)
四极产品代号(见注4)
用途代号(见注3)
脱扣器方式及附件代号3.2-4
极数(见注2)
操作方式(见注1)
壳架等级额定电流
漏电派生代号
设计代号
塑料外壳式断路器
企业特征代号

注：1. 手柄直接操作无代号；电动操作用 D 表示；转动操作用 Z 表示。

2. 三极用 3 表示；四极用 4 表示。

3. 配电用断路器无代号，保护电动机用断路器用 2 表示。

4. A 型：N 极不安装过电流脱扣元件，且 N 极始终接通，不与其他三极一起合分；B 型：N 极不安装过电流脱扣元件，且 N 极与其他三极一起合分；C 型：N 极安装过电流脱扣元件，且 N 极与其他三极一起合分；D 型：N 极安装过电流脱扣元件，且 N 极始终接通，不与其他三极一起合分。

5. 漏电脱扣不带报警无代号；漏电报警又脱扣用 Ⅰ 表示；漏电报警不脱扣用 Ⅱ 表示。

剩余电流保护开关根据功能常用的有以下几种类别：①只具有剩余电流保护断电功能，使用时必须与熔断器、热继电器、过流继电器等保护元件配合；②同时具有过载保护功能；③同时具有过载、短路保护功能；④同时具有短路保护功能；⑤同时具有短路、过负荷、漏电、过压、欠压功能。

剩余电流保护器在以下情况下可能产生误动：①由于剩余电流保护器是信号触发动作的，那么在其他电磁干扰下也会产生信号触发剩余电流保护器动作，形成误动；②当电源开关合闸送电时，会产生冲击信号造成剩余电流保护器误动；③多分支漏电之和可以造成越级误动；④中性线重复接地可能造成串流误动。

需要特别指出两点：①当发生人体单相电击事故时（这种事故在电击事故中概率最高），即在剩余电流保护器负载侧接触一根相线（火线）时它能起到很好的保护作用。如果人体对地绝缘，此时触及一根相线和一根零线时，剩余电流保护器就不能起到保护作用，因此一般要求断电检修；②由于剩余电流保护器的作用是防患于未然，电路工作正常时反映不出来它的重要，往往不易引起大家的重视。

根据电路和设备的正常泄漏电流来选择漏电断路器：①单机配用的漏电断路器，动作电流应大于设备正常运行时泄漏电流的 4 倍；②用于分支线路的漏电断路器，动作电流应大于线路正常运行时泄漏电流的 2.5 倍，同时也要大于线路中泄漏电流最大的电气设备的泄漏电流的 4 倍；③主干线或全网总保护的漏电断路器，其动作电流应大于电网正常运行时泄漏电流的 2.5 倍；④如果不容易测量线路或电气设备的泄漏电流，可按照下面的经验公式进行估算，照明回路或居民生活用电回路：漏电断路器的动作电流 $I_{DZ} > I_{SJ}/2\,000$；动力与照明混合回路：漏电断路器的动作电流 $I_{DZ} > I_{SJ}/1\,000$，式中 $I_{DZ}$ 为漏电断路器动作电流，$I_{SJ}$ 为电路中的最大电流。额定漏电动作电流是制造厂对剩余电流动作保护装置规定的剩余动作电流值，在该电流值时，剩余电流动作保护装置应发生规定的动作。该值反映了剩余电流动作保护装置的灵敏度。

我国标准规定的额定漏电动作电流值为有 0.006 A、0.01 A、0.03 A、0.05 A、0.1 A、0.3 A、0.5 A、1 A、3 A、5 A、10 A、20 A、30 A 共 13 个等级。其中，0.03 A 及其以下者属高灵敏度、主要用于防止各种人身触电事故；0.03 A 以上至 1 A 者属中灵敏度，用于防止触电事故和漏电火灾；1 A 以上者属低灵敏度，用于防止漏电火灾和监视一相接地事故。

示意图片（图 3.2 - 19）：

（a）透明塑壳式漏电断路器

（b）漏电电流可调式塑壳漏电断路器

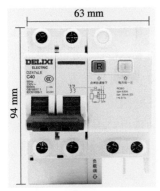

（c）家用漏电断路器

（d）可调式塑壳漏电断路器

（e）剩余电流保护插头

（f）剩余电流保护插座

**图 3.2 - 19　RCD 示意图**

使用中常见问题：各级配电箱中剩余电流保护器的动作时间级差较小，出现越级跳闸；剩余电流保护器漏电动作值选择过大或过小，剩余电流保护器不动作或过于频繁动作；移动电缆只有总开关一级剩余电流保护漏电动作值过大；用电设备本身绝缘损坏，导致用电时发生漏电开关故障跳闸现象；线路潮湿绝缘强度降低，导致非用电时漏电开关故障跳闸现象；人身意外触电，导致漏电开关故障跳闸现象；施工安装时 N 线和 PE 线接线不正确，导致用电时发生漏电开关故障跳闸现象。

3.2.20  SPD——浪涌保护器

定义和用途：浪涌保护器也叫防雷器、电压限制器、过电压保护器、电流放电器、避雷器、电涌保护器等，是一种为各种电子设备、仪器仪表、通信线路提供安全防护的电子装置。当电气回路或者通信线路中因为外界的干扰突然产生尖峰电流或者电压时，浪涌保护器能在极短的时间内导通分流，从而避免浪涌对回路中其他设备的损害。

浪涌保护器的额定电压有差别，选购和更换时注意适用电压范围，高压避雷器额定电压 3~1 000 kV，低压避雷额定电压分 0.38 kV 和 0.5 kV。浪涌保护器的额定电压分为≤1.2 kV、380 kV、220~10 V、10~5 V 等类型。

云层与地之间的雷击放电，由一次或若干次单独的闪电组成，每次闪电都携带若干幅值很高、持续时间很短的电流。一个典型的雷电放电将包括二次或三次的闪电，每次闪电之间大约相隔 1/20 s 的时间。大多数闪电电流在 10 000~100 000 A 的范围之间降落，其持续时间一般小于 100 $\mu$s。

供电系统内部大容量设备和变频设备等的使用，带来日益严重的内部浪涌问题，即瞬态过电压（TVS）的影响。任何用电设备都存在供电电源电压的允许范围。瞬态过电压（TVS）的破坏作用很强，有时即便是很窄的过电压冲击也会造成设备的电源损坏或全部损坏，特别是对一些敏感的微电子设备，很小的浪涌冲击就可能造成致命的损坏。

浪涌也叫突波，是超出正常工作电压的瞬间过电压，浪涌是发生在仅仅几百万分之一秒时间内的一种剧烈脉冲。重型设备、短路、电源切换或大型发动机启闭也可能引起浪涌。

SPD 浪涌保护器按结构分类：可更换式、ST 固定式、PRF1、PRI 通信型四类；按性质分类：开关型、限压型、组合型；按定义和用途分类：电源、信号和天馈；按外形分类：模块式、箱式；按接线端口分类：一端口、二端口；按接线方式分类（低压电源）："3+1" 模式、"4+0" 模式。

低压电源系统电涌保护器（进口产品）分为 A、B、C、D 四种等级：A 级，用于低压架空线路浪涌避雷器；B级，防雷保护等电位连接用雷电流避雷器；C级，用于保护永久性装置的浪涌避雷器；D级，用在电源插座上的浪涌避雷器。

SPD浪涌保护器（低压电源）常规安装要求：采用35 mm标准导轨安装，对于固定式SPD，常规安装应遵循下述步骤：①确定放电电流路径；②标记在设备终端引起的额外电压降的导线；③为避免不必要的感应回路，应标记每一设备的PE导体；④设备与SPD之间建立等电位连接；⑤要进行多级SPD的能量协调。

为了限制安装后的保护部分和不受保护的设备部分之间感应耦合，需进行一定测量。通过感应源与牺牲电路的分离、回路角度的选择和闭合回路区域的限制能降低互感，当载流分量导线是闭合回路的一部分时，由于此导线接近电路而使回路和感应电压减少。

一般来说，将被保护导线和没被保护的导线分开比较好，而且应该与接地线分开。同时，为了避免动力电缆和通信电缆之间的瞬态正交耦合，应该进行必要的测量。

SPD浪涌保护器接地线径选择①数据线：截面积要求大于2.5 mm²；当长度超过0.5 m时要求大于4 mm²。②电源线：相线截面积$S \leqslant 16$ mm²时，接地线截面积为$S$；相线截面积$16$ mm²$< S \leqslant 35$ mm²时，接地线截面积16 mm²；相线截面积$S > 35$ mm²时，接地线截面积用$S/2$。

SPD浪涌保护器配合的基本原则：①进线端的电涌保护器与被保护设备之间的距离小于15 m；②浪涌保护器之间的最短距离为10 m。

电压开关型浪涌保护器和限压型浪涌保护器之间的线路长度不宜小于10 m。限压型浪涌保护器之间的线路长度不宜小于5 m。

电源线路的各级浪涌保护器应分别安装在保护设备的电源线路前端。不同等级电源线路上SPD浪涌保护器连接线最小截面的要求应满足标准GB 50343中的要求，见表3.2-7：

表3.2-7 不同等级电源线路上SPD浪涌保护器连接线的最小截面要求

| 供电级 | 连接相线铜导线/mm² | 连接地线铜导线/mm² |
| --- | --- | --- |
| 第一级 | 16 | 25 |
| 第二级 | 10 | 16 |
| 第三级 | 6 | 10 |
| 第四级 | 4 | 6 |

SPD 浪涌保护器宜至少在安装后和每年雷雨季节前进行一次检测，因为：①电涌保护器大量采用的氧化锌压敏电阻存在着老化问题；②一些电涌保护器在防劣化方面没有采取措施或措施不全、分离装置（脱扣装置）不可靠或失效，即使采取了较全的措施也无法知晓电涌保护器中的保护元件有没有以开路模式失效而失去保护作用的情况；③对一些慢性退化的保护元件可早发现早处理，以进一步提高其供电的可靠性或保护的连续性。

ZH1 系列浪涌保护器规格标准：标称电流 60 kA，最大电流 100 kA（第一级（B级）防雷（过电压）保护）；标称电流 40 kA，最大电流 80 kA（第一级（B级）防雷（过电压）保护）；标称电流 30 kA，最大电流 60 kA（第一级（B级）防雷（过电压）保护）。标称电流 20 kA，最大电流 40 kA（第二级（C级）防雷（过电压）保护）；标称电流 10 kA，最大电流 25 kA（第三级（D级）防雷（过电压）保护）。

有显示设计的 SPD 浪涌保护器，显示黄色时是警告，绿色为器件工作正常，红色为器件有缺陷、需进行更换，这种光学显示功能非常便于器件管理，提高使用的安全性。在雷雨过后要加强检查，防止 SPD 浪涌保护器失效。

对 SPD 浪涌保护器启动电压和漏电流两参数的测试采用静态测试，也就是说必须切断浪涌保护器中保护元件的供电，用防雷元件测试仪进行测试。

对于模块式 SPD，可拔出防雷元件进行测试；对于箱式 SPD，可断开脱离装置对防雷元件进行测试。无法断开脱离装置的箱式 SPD 和无法取出防雷元件的模块式 SPD 应切断电源，断开连接线进行测试。

示意图片（图 3.2 - 20）：

**图 3.2 - 20　浪涌保护器示意图**

使用中常见问题：SPD 浪涌保护器设置及安装工艺状况、管线布设和屏蔽措施等不符合防雷设计规范要求；SPD 浪涌保护器失效，未及时更换；SPD 浪涌保护器连接引线接触不良。

一般质量好的浪涌保护器使用寿命在 5～10 年。一些高雷区，如果浪涌保护器承受的雷击次数较多，很容易损坏，应及时更换。

### 3.2.21 工业耦合器

定义和用途：工业耦合器即工业用插头插座，可在户内或户外使用。相比家用插头插座连接更加安全、可靠，能够耐受更恶劣的使用条件。插头和连接器的共同特点是必须连接软电缆，都是握着手把进行插接。不同的是，插头的触头是插销，而连接器的触头是插套。

工业耦合器的分类：

(1) 按电压分类：产品外壳颜色表明了额定电压的不同，常用的颜色如下：

紫色：额定工作电压 20～25 V　　　　白色：额定工作电压 40～50 V

黄色：额定工作电压 100～130 V　　　蓝色：额定工作电压 200～250 V

红色：额定工作电压 380～480 V　　　黑色：额定工作电压 500～1 000 V

(2) 按电流分类：常用额定电流 16 A、32 A、63 A、125 A。

(3) 按防护等级分类：防止固体废物和水进入，常见的为 IP44、IP67 等。

(4) 按接地极或小键、键槽位置钟点位置分类：1h，2h，…，11h，12h。

(5) 按接地触头结构分类：有地极和无地极。额定电压大于 50 V 的插头和连接器都有地极；小于等于 50 V 的无地极。

(6) 按电缆的连接方法分类：可拆线和不可拆线。现在一般都是用可拆线的，可以根据实际需要自行配置电缆长短，用接线端子连接十分方便。

工业耦合器应符合 GB/T 11918.1—2014《工业用插头插座和耦合器 第 1 部分：通用要求》、GB/T 11918.2—2014《工业用插头插座和耦合器 第 2 部分：带插销和插套的电器附件的尺寸兼容性和互换性要求》标准要求。

工业耦合器型号代码如下图：

时位(未标注为6 h)

1:IP44 2:IP67

0:插头 1:明装插座 2:耦合器 3:暗装直座 4:暗装斜座
5:暗装插头 6:明装插头 7:机械联锁插座

3/4/5:极数

1:16A 3:32A 6:63A 5:125A 2:250A 4:420A

企业代号

示意图片（图 3.2 - 21）：

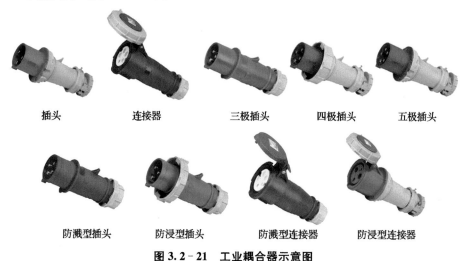

插头　　　　　连接器　　　　三极插头　　　　四极插头　　　　五极插头

防溅型插头　　　防浸型插头　　　防溅型连接器　　　防浸型连接器

**图 3.2 - 21　工业耦合器示意图**

### 3.2.22　移动式电缆盘（Mobile Cable Tray）

定义和用途：电缆盘是指可以绕电线电缆的线盘，电缆盘上面配有国标插座或者是工业插座、剩余电流保护器和电源指示灯，用作户外电源，为了方便移动和携带，小型的电缆盘应该有线盘支架和提手，卷线缆多的电缆盘带有轮子。应符合 GB/T 19637－2017《电器附件 家用和类似用途电缆卷盘》标准要求。

特点：可用多用万用插头，如航空插座、工业插座、电话插座、电脑插座等各种插座；电压 220 V/380 V；电流 10 A/16 A/25 A。

冲压成型，表面镀镍，可保证插拔 5 000 次以上；工程塑料面板，不变形且阻燃；耐酸碱，耐油，耐腐蚀，高温低温不变形，可在－20～70 ℃工作。

示意图片（图 3.2 - 22）：

**图 3.2 - 22　移动式电缆盘示意图**

### 3.2.23　滑触线（Isolated Conductor Rail，ICR）

定义和用途：也称为滑导线，是给移动设备进行供电的一组输电装置。

按结构形式分为：单极滑触线、多极安全滑触线、双钩铜滑触线。按绝缘程度分为：安全滑触线、非安全滑触线。按材质分为：铝滑触线、铜滑触线、钢体滑触线。产品应符合国家 JB/T 6391.1 和 JB/T 6391.2 标准。

滑触线装置由护套、导体、受电器和集电器构成，还包括支架等辅助组件。

特点：（1）安全：滑触线外壳系由高绝缘性能的工程塑料制成。外壳防护等级可根据需要达到 IP13、IP55 级，能防护雨、雪和冰冻袭击以及吊物触及。产品经受多种环境条件考验。绝缘性能良好，对检修人员触及输电导管外部无任何伤害。

（2）可靠：输电导轨导电性能极好，散热较快，并用电流密度高，阻抗值低，线路损失小，电刷由具有高导电性能、高耐磨性能的金属石墨材料制成。受电器移动灵活，定向性能好，有效控制了接触电弧和串弧现象。

（3）经济：滑触线装置结构简单，采用电流密度高、电阻率低、电压损耗低的铜排作为导电主体。可节电 6% 左右，实现以塑代钢，以塑代铜，设计新颖，无需其他绝缘结构，无需补偿线，安装于起重机控制室同侧，节省安装材料和经费，其综合费用与钢质裸滑线大致相同。

（4）方便：供电滑触线装置将多级母线集合于一根导管之中，组半简便。其固定支架、连接夹、悬吊装置，均以通用件供应，装拆、调整、维修亦十分方便。

性能：（1）安全滑触线，用于灰尘、潮湿等环境，可配防尘密封条和手保护（滑触线离人距离很近的时候要配手保护，如 AKAPP）。集电器运行速度小于 300 m/min。

（2）多极滑触线，安装方便，速度快，结构简单紧凑，安全可靠，适用于电流在 100 A 以下常用。

（3）钢体滑触线，用于高电流设备，电流可达几千安，适应于环境恶劣，高温场所。

（4）单极滑触线，根据不同的极数进行组合，电流也可达千安，是最常用的滑触线。

衡量滑触线质量的标准：①碳刷使用寿命——属于易耗品，行驶距离影响设备维护周期；②滑触线外壳质量——厚度、硬度、适用温度，环境等；③集电器性能——主要从轮子使用寿命、转弯轮设计和集电器是否满足各种环境下使用；

④滑触线膨胀问题——长度超过 100 m 以后就要考虑膨胀问题；⑤电压降问题——根据各种铜条长度电压降有所不同。

滑接线的中心线与起重机轨道的实际中心线距离和同一条滑接线各支架间的水平或垂直距离必须保持一致，其偏差值不应大于 1/1 000，最大不应大于 10 mm。

验收标准：①滑接线在绝缘子上固定可靠，滑接线连接处平滑、滑触面严禁有锈蚀，滑接线与导线连接处必须镀锡或镀锌处理。②绝缘子无裂纹和缺损，清洁，与支架间的垫片齐全。支架安装平整、牢固、间距均匀，油漆色泽均匀。连接螺栓螺纹露出螺母 2～3 扣。③变形缝和检修段处留有 20 mm 的间隙。滑接线端头光滑，两端底差值不大于 1 mm。④指示灯指示正常。⑤滑触器在全行程滑行中平稳，无较大的火花。⑥金属件防腐均匀无遗漏。⑦滑接器安装平整牢固，滑触面光滑，接触良好。滑触器中心在滑行时不越出滑接线的边缘。滑块灵活无卡阻现象。⑧高度在 3.5 m 以下的金属架接地可靠，应正确选用接地线的截面积。⑨支架间距：单线"H"型 300 A 以下≤1.5 m；400 A 以上≤3 m；多线无接缝滑触线型 1.0～1.5 m；导管型 1.0～1.5 m；电缆滑车型 1.0～2.0 m；弧线段支架间距根据现场情况应＜1.0 m。⑩滑触线主体防护外壳与导体间隙≤2 mm；与轨道中心高度直线度允差＜±15 mm，与轨道中心纵向直线度允差＜±15 mm；与轨道中心扭曲度允差＜15 mm/10 m。⑪伸缩器数量符合规定，间隙距离应满足安装现场最大温差所引起的理论伸缩量。⑫相间绝缘电阻应≥5 MΩ。

使用中常见问题：轨道的平直度易有明显偏差（大于 20 mm 时需整修）、错位；绝缘保护件脱落、断裂、破损，不锈钢"V"型槽翘起；轨道上有异物及导电粉尘等；必要时应检测其绝缘电阻是否符合要求。

特别对行车轨道重合度、轨距、倾斜度等偏差较大，使用频繁、粉尘过大、温度较高及有水、雾和室外使用的环境，必须加强日常检查与维护。

示意图片（图 3.2-23）：

**图 3.2-23　绝缘滑触线示意图**

3.2.24　$L_1$、$L_2$、$L_3$——三相电路的三条相线

$L_1$（A相）使用黄色相线，$L_2$（B相）使用绿色相线，$L_3$（C相）使用红色相线。

定义和用途：三相电是指有三个相位的交流电信号，其频率和幅度都相等，但相位间存在120°夹角，任意两条相线之间的电压都是380 V，且相电压是线电压（220 V）的$\sqrt{3}$倍，是电力系统中常用的电力形式，三相电系统比单相电系统更高效和稳定，大型电动机和高功率负载宜选用三相电系统。如380 V交流发电机，定子有三个绕组，三个绕组的尾端连接在一起用导线引出，俗称为零线；三个绕组的首端引出线俗称为三相电的火线。

要区分相序用相序表来测量，将相序表的ABC三相接线分别与待测量的三相连接，相序表上的灯亮顺序为顺时针转动，则为正相序，反之则为反相序。

三相电系统线路排列标准：

（1）柜内箱内，人站柜前箱前向柜内箱内看去，上下排列时，从上到下ABCN；左右排列时，从左到右ABCN；前后排列时，从后到前ABCN；

（2）变压器，从高压侧向低压侧看去，从左到右，高压ABC，低压NABC；

（3）电动机，从出轴端向电机看去，顺时针方向ABC（没有N）；接线盒，从左到右ABC；

（4）架空线路，面向负荷，水平排列时，从左到右ANBC；垂直排列时，从上到下CBAN；

（5）电缆中应包含全部工作芯线、中性导体（N）及保护接地导体（PE）或保护中性导体（PEN）；保护接地导体（PE）及保护中性导体（PEN）外绝缘层应为黄绿双色；中性导体（N）外绝缘层应为淡蓝色；不同功能导体外绝缘色不应混用。

3.2.25　N——中性点，中性线、工作零线、使用淡蓝色电线

定义和用途：中性点又称"零点"，是指三相或多相交流系统中星形接线的公共点，中性点分电源中性点和负载中性点；中性线是从中性点引出的导线，可带相电压，中性线和中性点，不一定接地，不用时电压可以为零，三相用电平衡时中性线电流为零，单相用电时电流就不是零，三相不平衡时，电流也不是零；电气设备因运行需要引接的零线称为中性导体。

中性线的作用：①与相线共同提供单相220 V电压回路；②为三相不平衡电

流提供回路（三相负载不均匀）；③为三次谐波及其奇数倍谐波提供回路（非线性负载如气体放电灯、可控硅调光装置、开关电源、变频调速设备等）。

TT 或 TN 系统，在中性导体截面积小于相导体截面积的地方，中性导体上应装设过电流保护，该保护应使相导体断电但不必断开中性导体。三相配电系统中如 N 线断线，一方面会导致负载端电压分配不均匀，从而使某一相的电压异常升高，造成用电设备烧毁或绝缘性能遭到破坏；另一方面引起中性点偏移，从而使中性点对地电压升高，在 TN 系统中有可能引起电击事故。

3.2.26　PE——保护导体，保护线，接地线，使用黄/绿双色线

定义和用途：PE 线是专门用于将电气装置外露可导电部分接地的导体，可直接连接至与电源点工作接地无关的接地极上（TT），或通过电源中性点接地（TN）。采取保护接零方式，保证人身安全，防止发生电击事故。采用 PE 线保护时，当设备漏电到设备外壳上，PE 线将设备外壳上的电导入大地，如设备绝缘损坏、避雷器因雷击放电。PE 线还有一个功能是将设备上的感应电导入大地。PE 导体的泄漏直流电流分量限值见表 3.2－8：

**表 3.2－8　PE 导体的泄漏直流电流分量限值**

| 设备额定电流 | PE 导体直流电流分量 |
|---|---|
| $0 < I \leqslant 2\ A$ | 5 mA |
| $2\ A < I \leqslant 20\ A$ | 2.5 mA/A |
| $> 20\ A$ | 50 mA |

示意图片（图 3.2－24）：

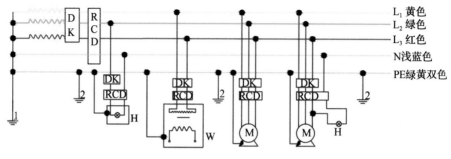

**图 3.2－24　PE 线示意图**

### 3.2.27 PEN——保护接零线

PEN 保护接零线是将工作零线兼做保护接地的线，兼有保护接地线和中性线功能的导体。多用于变电所低压侧至电源进线点间的一段线路（TN-C-S 的 TN-C 段）。PEN 线是将原中性线准确地、良好地接地，同时将需要保护的设备的外壳等连接于 PEN 线，所以，PEN 线同时具有上述所说的 PE 线的接地性质，也具有 N 线的带动负载的性质。只存在于 TN-C 和 TN-C-S 接地电源系统中，其他任何接地电源系统中都不存在 PEN。

示意图片（图 3.2-25）：

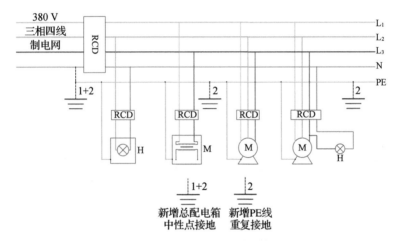

**图 3.2-25　TN-C-S 系统示意图**

PEN 保护接零线的危险性：①无中性导体的电器，如三相异步电动机，设备外壳接零线，就是保护接零，这种不容易混淆，相对安全；三相四线制配电箱为金属外壳必须将中性导体接金属外壳，工作零线还应重复接地；②有中性导体的电器，如单相电动机开关，一般不允许在开关上将金属外壳接在零线上，必须将开关外壳通过专用的 PE 线接入 N 线，这就将 TN-C 电源系统转换成 TN-S 电源系统。在何处将开关的金属外壳接入 N 涉及安全问题，一旦接入不当，很容易造成用电安全事故。

采用 PEN 保护接零线必须重复接地。

### 3.2.28　配电系统

定义和用途：根据 IEC60364 和 GB51348 的规定，低压配电系统的接地形式可分为 TN、TT、IT 三种类型，其中 TN 系统又可分为 TN-C、TN-S 与 TN-C-S 三种形式。第一个字母表示电源端与地的关系：T 表示电源端有一点直接接地；I 表示电源端所有带电部分不接地或有一点通过阻抗接地。第二个字母表示电气装置的外露可导电部分与地的关系：T 表示电气装置的外露可导电部分直接接地，此接地点在电气上独立于电源端的接地点；N 表示电气装置的外露可导电部分与电源端接地有直接电气连接。

### 3.2.29 TT——接地系统

定义和用途：TT 系统是将电气设备的金属外壳直接接地的保护系统，称为保护接地系统，第一个符号 T 表示电力系统中性点直接接地；第二个符号 T 表示负载设备外露不与带电体相接的金属导电部分与大地直接联接，而与系统如何接地无关。配电线路内由同一接地故障保护电路的外露可导电部分，应用 PE 线连接，并应接至共用的接地极上。当有多级保护时，各级宜有各自独立的接地极。多用于无等电位联结作用的户外。

优点：①能抑制高压线与低压线搭连或配变高低压绕组间绝缘击穿时低压电网出现的过电压；②对低压电网的雷击过电压有一定的泄漏能力；③与低压电器外壳不接地相比，在电器发生碰壳事故时，可降低外壳的对地电压，因而可减轻人身触电危害程度；④由于单相接地时接地电流比较大，可使保护装置（漏电保护器）可靠动作，及时切除故障。

缺点：①低、高压线路雷击时，配变可能发生正、逆变换过电压；②低压电器外壳接地的保护效果不及 IT 系统；③当电气设备的金属外壳带电（相线碰壳或设备绝缘损坏而漏电）时，由于有接地保护，可以大大减少触电的危险性。但是，低压断路器（自动开关）不一定能跳闸，造成漏电设备的外壳对地电压高于安全电压，属于危险电压；④当漏电电流比较小时，即使有熔断器也不一定能熔断，所以还需要漏电保护器作保护，因此 TT 系统难以推广；⑤TT 系统接地装置耗用钢材多，而且难以回收、费工时、费料。

系统运行中存在的问题：①馈电用电源回路总开关或中级保护用的漏电电流保护器不能保证正常供电，如一合闸就跳闸等；②末级用户产生故障时越级跳闸而末级漏电电流保护器却拒绝动作，扩大停电范围，影响生产；③在保证安全供电的条件下用电设备容量受到一定的限制。

示意图片（图 3.2 - 26）：

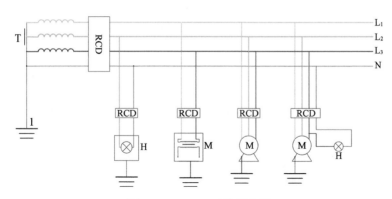

**图 3.2‐26　TT 系统示意图**

### 3.2.30　TN-S——接地系统

定义和用途：电源端中性点直接接地时，电气装置的外露可导电部分通过保护导体与电源中性点直接电气连接，中性导体和保护导体在中性点分开后，不能再有任何电气连接。系统正常运行时，保护导体上没有电流，只有中性导体上有不平衡电流。保护导体对地没有电压，所有电气设备金属外壳接零保护是接在专用的 PE 线上，安全可靠。中性导体可用作单相回路、二相回路、三相不平衡回路等；专用 PE 线不许断线，要有重复接地，不许进入漏电开关。

适用于用电负荷距离变压器不远或者有专用变压器的配电系统。

示意图片（图 3.2‐27）：

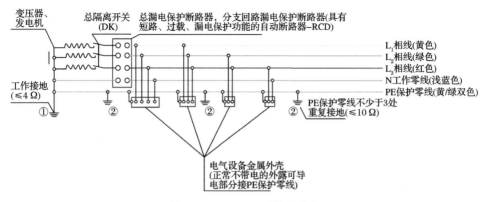

**图 3.2‐27　TN-S 系统示意图**

### 3.2.31　Generators Set——发电机组

定义和用途：发电机组是将其他形式的能源转换成电能的成套机械设备，由动力系统、控制系统、消音系统、减震系统、排气系统组成，由水轮机、汽轮机、柴油机或其他动力机械驱动，将水流、气流、燃料燃烧或原子核裂变产生的能量转化为机械能传给发电机，再由发电机转换为电能，输出到用电设备上使用。

微型柴油发电机组 10 kW 以下；小型柴油发电机组 10～200 kW；

中型柴油发电机组 200～600 kW；大型柴油发电机组 600～2 000 kW。

柴油发电机组控制系统的常见六种类型（以扬州福康斯产品为例）：

1) AS‐100 自启动控制系统

柴油发电机控制系统采用大屏幕 LCD 显示面板，配合停机/复位、自动模式、手动模式、启动按钮及 LED 指示灯，使用户在操作过程中时刻能得到系统的支持，操作非常方便。

2) PCRC‐200 型控制系统

用于单台、多台后备或并网发电机组，提供发电机组的整体管理。组合式模块设计，可内置同步器、负载分配器，根据用户要求，方便地升级到最适合的控制方案。

3) PCRC‐120 三遥控制系统

系统采用大屏幕 LCD 显示面板，配合停机/复位、自动模式、手动模式、启动按钮及 LED 指示灯，使用户在操作过程中时刻能得到系统的支持，操作非常方便。系统具有远程通信功能。

4) PCRC‐100 三遥控制系统

系统为中文液晶显示三遥控系统，配合停机/复位、自动模式、手动模式、启动按钮及 LED 指示灯，使用户在操作过程中时刻能得到系统的支持，该系统操作简单，显示准确，功能强大。系统具有远程遥控功能和远程故障诊断功能等。

5) DEEPSEA520 自启动控制系统

选用英国深海公司的 520 型控制器，设有"停机/自动/手动"选择开关，并有附加指示灯。具有远程自启动功能，系统操作简单方便。

6）DEEPSEA501 手启动控制系统

选用英国深海公司的 501 型控制器，设有"OFF/RUN/START"选择开关，并有附加指示灯。系统操作简单方便。

示意图片（图 3.2-28）：

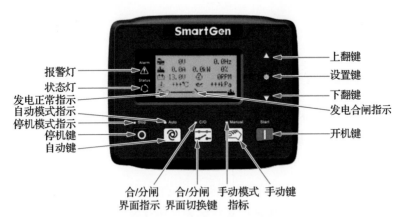

报警灯
状态灯
发电正常指示
自动模式指示
停机模式指示
停机键
自动键

上翻键
设置键
下翻键
发电合闸指示
开机键

合/分闸　合/分闸　手动模式　手动键
界面指示　界面切换键　指标

图 3.2-28　柴油发电机自动控制中文液晶显示面板示意图

# 4 基本规定

## 4.1 用电原则

4.1.1 城市高架桥施工现场临时用电工程采用电源中性点接地的 220/380 V 交流低压配电系统。在城市邻近 10.5 kV 电网 T 接或延伸 10.5 kV 电网至施工区附近，安设 10.5 kV/0.4 kV 降压变压器。

4.1.2 施工现场设有专供施工用的低压侧为 220/380 V 中性点直接接地的变压器时，低压配电系统的接地型式宜优先采用 TN-S 接地系统，接地符合本指南 6.1.6 接地装置中人工接地体中性点或重复接地的设置要求；

当利用地方既有变压器、低压电网时，专用变压器供电距离特别远的总线可采用 TN-C-S 系统，但应确保 TN-C 段 PEN 线与 TN-S 段 PE 线的电源进线连接点处，与接地电阻≤4 Ω 的接地装置有良好的电气连接，接地装置符合本指南 6.1.6 接地装置中人工接地体中性点接地的设置要求；

当成套设备本身不是 TN-S 接地系统时可采用 TT 系统等原设备的配电系统，TT 系统应采取等电位联结保护措施，接地符合本指南 6.1.6 接地装置中人工接地体接地的设置要求，TT 接地系统的电气设备外露可导电部分所连接的接地装置不应与变压器中性点的接地装置相连接。

4.1.3 电气设备应按外界影响条件分别采用以下一种或多种低压电击故障防护措施：①自动切断电源；②双重绝缘或加强绝缘；③电气分隔；④特低电压。施工现场三级低压配电系统中配电装置内元器件按①和②设置；配电装置接口按②设置；有限空间内照明按③和④设置。

4.1.4 施工现场宜采用三级配电系统配电，因为配电级数过多将给开关的选择性整定带来困难；当向非重要负荷、某小区域集中负荷供电时，可适当增加配电级数，但不宜过多；当设备功率较大（≥70 kW）时，可采用总配电箱直接给设备供电方式，即采用二级配电。应在总配电箱（柜）的受电端装设具有隔离功能的电器。

（1）从总配电箱向分配电箱的分路宜≤8路；

（2）从分配电箱向开关箱的分路宜≤6路，当向区域负荷或非重要负荷供电时，可设置移动分配电箱（即移动式成套设备）过渡；宜在区域总控箱将动力与照明分路设置，不宜在末级分配电箱之后再将动力与照明分路设置；

（3）从开关箱到用电设备不再设分路，固定式大中型单一用电设备应做到"一机、一闸、一漏、一箱"，移动式单一用电设备应做到"一机、一闸、一漏"；

（4）有操作台的用电设备宜在操作台附近设置组合式独立控制柜，并做到"一机、一闸、一漏"；距操作台较远的用电设备宜在设备附近再设置串联的开关箱；

（5）集成自动化控制用电设备宜直接将电源接入其控制柜，按照安装要求设置 PE 保护导体。集成自动化控制用电设备的控制单元接地引线的接地点，应与防雷接地点、保护接地点保持 5 m 远距离，防止雷电电位干扰。

示意图片（图 4.1-1）：

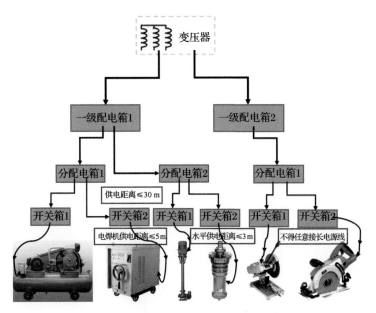

（a）简单用电组合现场的分级配电

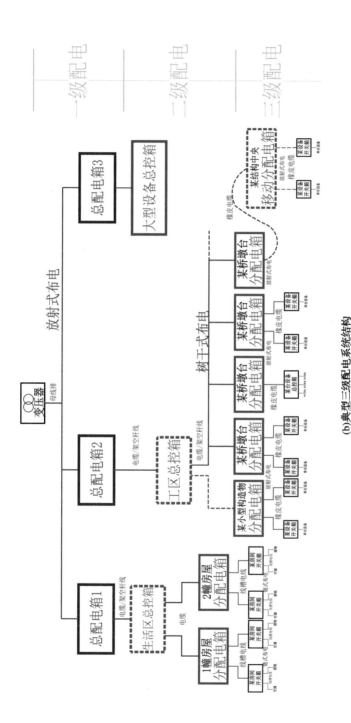

(b)典型三级配电系统结构

图4.1-1 三级配电示意图

4.1.5　施工现场应采用至少二级（首端、末端）剩余电流保护系统。

由于施工现场分配电箱出线是移动电缆，电箱、设备移动频繁，无法做到完全按固定线路防护；现场环境潮湿，导电钢筋、型钢较多属于 GB/T 13955—2017《剩余电流动作保护装置安装和运行》，附录 C 图 C.1；安全要求高、配电复杂的场所，宜采用三级剩余电流保护系统。在总配电箱、末级分配电箱、开关箱均安装剩余电流保护装置。总剩余电流保护装置切断电源的最长时间为 0.4 s（按 GB 55024—2022《建筑电气与智能化通用规范》4.6.2 条）。

4.1.6　测试泄漏电流方法比较复杂且要使用专用测试设备，当可测定泄漏电流时，开关元件额定剩余电流动作值一般为线路泄漏电流的 2 倍，单台设备运行时泄漏电流的 4 倍（引自《工业与民用供配电设计手册》中国航空规划设计研究总院有限公司主编第三版第十一章第 637 页）；当不能测试泄漏电流时，开关元件的额定剩余电流动作值一般为开关元件额定电流的 1/2 000，为提高开关耐久性，选配开关时，往往选大一个型号，所以额定剩余电流动作值可以为开关元件额定电流的 1/2 500～1/3 000（源自施耐德漏电保护器选购技巧）。

4.1.7　安装剩余电流保护装置的用电线路上外壳导电的设备必须装设保护接地导体（PE）；且接地导体（PE）引出的接地装置的电阻值应满足各种接地的最小电阻值的要求。

4.1.8　当电气设备采用双重绝缘或加强绝缘作为低压电击故障防护措施时，其绝缘外护物里的可导电部分严禁接地。且应有双重绝缘/加强绝缘的标识。

4.1.9　剩余电流动作保护电器的维护应符合下列规定：

（1）剩余电流动作保护电器投入运行后，应定期进行试验按钮操作，检查其动作特性是否正常；雷击活动期和用电高峰期应增加试验次数；

（2）用于手持式电动工具、不连续使用的剩余电流动作保护电器，应在每次使用前进行试验按钮操作；

（3）当采用剩余电流动作保护电器作为电击防护附加防护措施时，其额定剩余电流动作值不应大于 30 mA。

4.1.10　低压配电系统中交流电动机应装设短路保护和接地故障保护；当交流电动机反转会引起危险时，应有防止反转的安全措施；当被控用电设备需要设置急停按钮时，急停按钮应设置在被控用电设备附近便于操作和观察处，且不得自动复位。

4.1.11　固定场所末级分配电箱至开关箱距离宜控制在 30 m 以内；不带机上开关的设备开关箱至设备水平距离宜控制在 3 m 以内，电焊机宜控制在 5 m 以内。

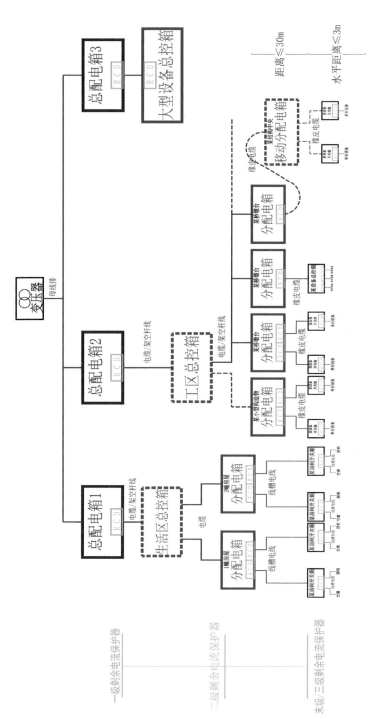

图4.1-2 分级剩余电流保护示意图

## 4.2 用电设施运行及维护要求

4.2.1 临时用电设施维护应配备相应耐压绝缘等级的绝缘手套、绝缘靴、绝缘杆、绝缘垫、护目镜、放电器绝缘台、试电笔等合格的安全工具及防护设施。

4.2.2 临时用电设施的运行及维护应配备高压验电器、绝缘电阻测试仪(摇表)、接地电阻测试仪、剩余电流保护器检测仪等检测设备,并定期检验。

4.2.3 电气设备和线路检修应符合下列规定:

(1) 电气设备检修、线路维修时,严禁带电作业。应切断并隔离相关配电回路及设备的电源,并应检验、确认电源被切除,对应配电间的门、配电箱或切断电源的开关上锁,及应在锁具或其箱门、墙壁等醒目位置设置警示标识牌。

(2) 电气设备发生故障时,应采用验电器检验,确认断电后方可检修,并在控制开关明显部位悬挂"禁止合闸、有人工作"停电标识牌。停送电必须由专人负责。

(3) 线路和设备作业严禁预约停送电。

(4) 系统遭遇水淹和火灾后,当需要继续使用时,必须进行全面检测,并应根据检测结果进行处理,以实现正常使用。

4.2.4 临时用电设施的日常运行、维护符合下列规定,并做好相关记录:

(1) 变压器和配电装置每班应至少巡查1次;

(2) 配电线路每周、新增较大负荷时巡查不应少于1次;

(3) 配电设施的接地装置每半年、雷雨季节前检测不少于1次;

(4) 剩余电流保护器定期进行试验按钮操作,用于手持式电动工具、不连续使用的每班前试跳,每月检测不少于1次,雷击活动期和用电高峰期应增加试验次数;

(5) 保护线(PE)的导通情况应日常巡查,当接地点土壤特别干燥时应再次检测接电电阻,每月检测接地电阻不少于1次;

(6) 临时用电设施的清扫和检修,每年不宜少于2次,其时间应安排在雨季和冬季到来之前；

（7）遇大风、暴雨、冰雹、雪、霜、雾等恶劣天气前、后，应加强巡视和检查，巡视和检查时，应穿绝缘靴且不得靠近避雷装置，连续阴雨怀疑受潮的电机启动前应做绝缘电阻检测；

（8）绝缘电阻检测每月不少于 1 次，长期搁置不用的工具在使用前必须进行绝缘电阻的检测。

## 4.3 配电保护措施

4.3.1 配电保护电击防护措施主要是采用在故障情况下自动切断电源防护，其中包含基本防护和故障保护，必要时设置附加保护。

4.3.2 基本防护包括绝缘材料覆盖防护、遮栏和外壳（外护物）防护及由熟练的技术人员或受过培训的人员操作或管理的电气装置的阻挡物和置于伸臂范围之外的保护措施。

4.3.3 故障防护措施包括系统接地、保护接地、等电位联结、在故障情况下自动切断电源。

4.3.4 故障防护（间接接触防护）的保护电器为熔断器、断路器等过电流保护电器、剩余电流保护器（RCD），其中过电流保护电器是首选。由于线路长、导线截面小，过电流保护电器通常不能满足自动切断电源的时间要求等情况时，接地故障的回路故障电流较小，应采取以下措施：

（1）加大相导体或（和）PE 导体截面积，以满足按规定时间切断要求；

（2）保护电器为断路器时，可采用 RCD 做故障防护。

4.3.5 附加防护措施，即设置辅助等电位联结，使故障时的接触电压降低到交流 50 V 以下，为了热效应防护，特别是火灾防护的要求，此时仍需要切断电源，只是这里不必符合故障防护的切断时间要求，但应满足过电流热稳定的规定。

示意图片（图 4.3 - 1）：

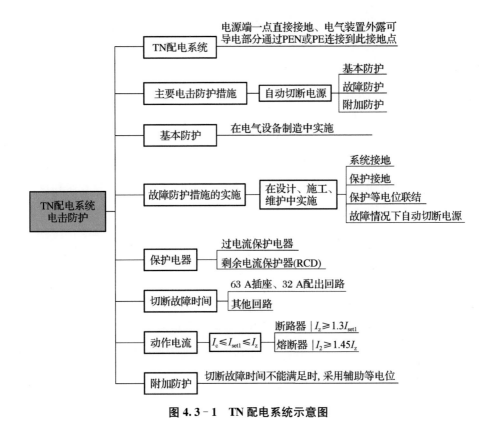

**图 4.3-1 TN 配电系统示意图**

注：$I_C$：回路计算电流，A；　　$I_{set1}$：长延时过电流脱扣器整定电流，A；

$I_Z$：导体允许持续载流量，A；　　$I_2$：约定动作电流，A。

## 4.4 人员管理

4.4.1 电工应经过按国家现行标准考核合格后，持证上岗。

4.4.2 涉电作业人员应正确穿戴专业劳动防护用品，正常作业时与 10 kV 及以下设备带电部位的最小安全距离不应小于 0.7 m。

4.4.3 安装、巡检、维修或拆除临时用电设备和线路，应由专业电工完成，并应有人监护。

## 4.5 用电设施的拆除

4.5.1 拆除电气装置前，拆除部分应与带电部分在电气上进行断开、隔离；

邻近带电部分设备拆除后，应立即对拆除处带电设备外露的带电部分进行电气安全防护；拆除电容器组、蓄电池组等可能带电的储能设备时应采取安全措施，设备处理应按国家相关规定执行。

4.5.2　拆除移动设备，要得到项目部工程技术部的同意，现场电工断电后先拆除移动设备。

4.5.3　在拆除邻近带电部分的供用电设施时，应制订专项拆除方案，专人监护。拆除二级电箱至变压器电箱出线端的线路、设备时，应制订拆除计划，办理项目部拆除审批单。应封闭拆除现场，确认断电后，基本上按照安装相反的顺序，逐段拆除，所有吊装施工的机具、人员符合项目特种机械、人员的规定，专人在班前督查一次；线缆、电箱等配件由物机部归类入库，造单签字；线杆等超长物用专用车辆运至预设场地，用木楔垫稳。

4.5.4　拆除前注意天气状况，不得在有雨、有雪、大风大雾等恶劣天气时拆除，架空线还有邻近线路的，拆除时风力应不大于5级。

4.5.5　在拆除前，被拆除部分应与带电部分在电气上进行可靠断开、隔离，挂上警示牌，并在被拆除侧挂临时接地线或投接地刀闸，电容较高的进行放电处理。

4.5.6　任何拆除当班不能完成的要形成稳定的断面，留人值守；过路、过通行河道的线路、还有可能接通开关通电的线路必须一次性拆除。

4.5.7　拆除过程中听从专业人员的指挥，不得强行拆除，硬拉、硬推。缆线要绕制整齐，清除杂物，事后过线沟槽填平。

4.5.8　拆除后工程技术部要对占用的田地进行复垦、复原。

4.5.9　如果有与现有线路过近的、不足安全距离的，应在停电条件下拆除；带电拆除作业必须由地方供电公司专业人员进行。

4.5.10　在拆除容易与运行线路混淆的电力线路时，在转弯处和直线段分段进行标识。

4.5.11　在拆除过程中，尽量回收利用，废弃物无害化处理，避免对环境造成污染。

4.5.12　拆除过程中，设备应妥善放置、封闭防潮、及时入库，避免对设备造成损伤或丢失设备。

# 5 供电系统设置

## 5.1 电源类型及等级

5.1.1 施工现场电源等级分为特级、一级、二级、三级，其分级情况如表 5.1-1。

5.1.2 施工现场临时用电的供电电源应根据用电负荷数量和等级、施工计划、施工工艺、应用场景等进行合理设置。

5.1.3 电源类型：市政电网双路交流电源、市政电网单路交流电源、柴油发电机、蓄电池组、太阳能板＋蓄电池组，或者其组合电源。

5.1.4 应急电源与非应急电源之间，应采取防止并列运行的措施。两个供电电源之间的切换时间应满足用电设备允许中断供电时间的要求。备用电源的用电负荷不应接入应急电源供电回路。

表 5.1-1 施工现场电源分级情况表

| 电源级别 | 分级依据 | 适用场景 | 供配电类型 | 用电负荷名称 |
|---|---|---|---|---|
| 特级 | 1. 中断供电将危害人身安全、造成人身重大伤亡；<br>2. 中断供电将在经济上造成特别重大损失；<br>3. 在建筑中具有特别重要作用及重要场所中不允许中断供电的负荷 | 高度 150 m 及以上的塔吊、塔柱、一类高层公共建筑 | 连续不间断自动切换三路回路电源 | 安全防范系统、航空障碍照明等 |

**（续表）**

| 电源级别 | 分级依据 | 适用场景 | 供配电类型 | 用电负荷名称 |
|---|---|---|---|---|
| 一级 | 1. 中断供电将造成人身伤害；<br>2. 中断供电将在经济上造成重大损失；<br>3. 中断供电将影响重要用电单位的正常工作，或造成人员密集的公共场所秩序严重混乱 | 一类高层建筑，高度同一类高层建筑的塔吊、塔柱、设备、设施，重大安全监控、监测装置 | 连续不间断自动切换双路回路电源 | 连续监控、监测、安全防范系统、航空障碍照明、值班照明、警卫照明、客梯、排水泵、生活给水泵等 |
| 二级 | 1. 中断供电将在经济上造成较大损失；<br>2. 中断供电将影响较重要用电单位的正常工作或造成公共场所秩序混乱 | 二类高层建筑及同高设备、设施；施工升降机；易塌孔区域的钻孔桩机；涉铁路营业线施工，如架桥机架梁；涉公路航道通行状态下跨越施工、交通指示；拌和站拌制中；不可中断的通风、排水、照明；施工工艺不允许长时间中断的工序；一般施工监控、监测 | 一路回路电源或可短时间断自动或手动切换双回路电源 | 安全防范系统、客梯、排水泵、生活给水泵等 |
| | | 一类和二类高层建筑 | | 主要通道、走道及楼梯间照明等 |
| 三级 | 不属于特级、一级和二级的用电负荷 | 无特别规定 | 一路回路电源 | 无需求 |

## 5.2 电力变压器选择

5.2.1 电力变压器作为施工现场供配电系统的主要电源设备，一般通过向当地电力管理部门申请，由电力管理部门提供并负责电力变压器的设计、安装、调试、远程监测、拆除等工作。巡查维护由项目部协助完成。变电所运行人员单独值班时，不得从事检修工作。

5.2.2  电力变压器应选用节能型低损耗变压器，变压器的位置应符合下列要求：靠近负荷中心；避开易爆、易燃、污秽严重及地势低洼地带；高压进线、低压出线方便；便于施工、运行维护。

5.2.3  电力变压器可根据电力变压器的相数、调压方式、绕组形式、绕组绝缘及冷却方式、连接组别标号等进行分类。

5.2.4  施工现场变压器应根据施工现场的作业环境、用电负载特点等实际情况，在用电初步规划形成后提前向当地电力部门征询设计建议、提交增容申请，合理选择杆式变压器、箱式变电器，也可单独设计配电室。

## 5.3  变压器的安装

5.3.1  变压器应装有铭牌，必须标注：变压器的种类、标准代号、制造厂名、出厂序号、制造年月、相数、额定容量、额定频率、各绕组额定电压和分接范围、各绕组额定电流、联结组标号、以百分数表示的短路阻抗实测值、冷却方式、总重和绝缘油重等项目。

5.3.2  充干燥气体运输的变压器油箱内的气体压力应保持在 $0.01 \sim 0.03$ MPa；干燥气体露点必须低于 $-40\,℃$；每台变压器必须配有可以随时补气的纯净、干燥气体瓶，始终保持变压器内为正压力，并设有压力表进行监视。

5.3.3  充氮的变压器需吊罩检查时，器身必须在空气中暴露 15 min 以上，待氮气充分扩散后进行。

5.3.4  油浸变压器在装卸和运输过程中，不应有严重冲击和振动，当出现异常情况时，应进行现场器身检查或返厂进行检查和处理。

5.3.5  油浸变压器进行器身检查时必须符合以下规定：

（1）凡雨、雪天，风力达 4 级以上，相对湿度 75% 以上的天气，不得进行器身检查；

（2）在没有排氮前，任何人员不得进入油箱；当油箱内的含氧量达到 18% 以上时，人员方可进入；

（3）在内检过程中，必须向箱体内持续补充露点低于 $-40\,℃$ 的干燥空气，应保持含氧量不低于 18%，相对湿度不大于 20%。

5.3.6  绝缘油必须试验合格后，方可注入变压器内。不同牌号的绝缘油或同牌号的新油与运行过的油混合使用前，必须做混油试验。

5.3.7 油浸变压器试运行前应进行全面检查，确认符合运行条件时，方可投入试运行，并应符合下列规定：

（1）事故排油设施应完好，消防设施应齐全；

（2）铁芯和夹件的接地引出套管、套管的末屏接地、套管顶部结构的接触及密封应完好。

5.3.8 中性点接地的变压器，在进行冲击合闸前，中性点必须接地并应检查合格。

变压器适用范围和标准化设置见表 5.3-1。

**表 5.3-1 变压器适用范围和标准化设置**

| 典型变电设施型式 | 适用场景示例 | 特点 | 标准化设置 |
|---|---|---|---|
| 杆式变压器 | 400 kVA 及以下的室外 | 1. 不能用大容量的变压器；<br>2. 安装简单，占地小；<br>3. 缺少保护；<br>4. 投资较小 | 1. 底面高于常规洪水位 0.3 m，距地面不应小于 2.5 m；<br>2. 带电部分距地面不应小于 3.5 m；<br>3. 周围应装设不低于 1.7 m 的栅栏，并在明显部位悬挂警告牌；<br>4. 设施外轮廓与围栏应留有不小于 1～1.2 m 的巡视或检修通道 |
| 箱式变压器 | 1.400 kVA 以上室外；<br>2. 有安装平台或区域的地方均通用 | 1. 可用较大容量变压器；<br>2. 保护多，操作、维修、维护方便；<br>3. 安装周期短；<br>4. 占地面积相对较小；<br>5. 投资相对杆式较大 | 1. 靠近电源，设置在不受施工干扰、地势较高，底座高于常规洪水位 0.3 m 和干燥不易积水的场所；<br>2. 采用地面平台安装时，底部距地面不应小于 0.5 m，进出线采用电缆，且电缆孔应封闭；<br>3. 周围应装设不低于 1.7 m 的栅栏，并在明显部位悬挂警告牌；<br>4. 变压器外轮廓与围栏应留有 1～1.2 m 的巡视或检修通道；<br>5. 箱体外壳应有可靠的保护接地，装有成套仪表和继电器的屏柜、箱门，应与壳体进行可靠电气连接；<br>6. 配置可用于扑灭电气火灾的灭火器材（干粉灭火器、二氧化碳灭火器等，但不应使用装有金属喇叭喷筒的二氧化碳灭火器）；<br>7. 在内部、外部醒目位置悬挂维护运行机构、人员和联系方式等信息的标识牌 |

**（续表）**

| 典型变电设施型式 | 适用场景示例 | 特点 | 标准化设置 |
|---|---|---|---|
| 配电室 | 应用在拌合场、预制场等负荷较大且相对集中的场所 | 1. 可用大容量、多台变压器；<br>2. 保护多，操作、维修、维护方便；<br>3. 可任意增加出线；<br>4. 建设周期长，占地面积较大，须符合供电公司和建筑标准；<br>5. 投资较大 | 1. 靠近电源，设置在不受施工干扰、地势较高和干燥不易积水的场所，应设置防排水设施；<br>2. 能自然通风，有防止雨雪侵入、动物进入的措施；<br>3. 顶棚与地面的距离不低于 3 m，配电装置的上端距顶棚 0.5 m；<br>4. 设置电缆槽，便于线路连接和检修；<br>5. 建筑物和构筑物的耐火等级不低于 3 级；<br>6. 配电室、电容器室长度大于 7 m 时，应至少设置两个出口，且当成排布置的配电柜长度大于 6 m 时，柜后的通道应设置两个出口；<br>7. 配置向外开启的防火门，并配锁；<br>8. 配电装置的正上方不应安装照明灯具，并设置应急照明设施，裸露带电导体上方不应装有用电设备、明敷的照明线路和电力线路或管线跨越；<br>9. 在内部、外部醒目位置悬挂维护运行机构、人员和联系方式等信息的标识牌；<br>10. 配置安全警示标识、火灾报警系统、灭火器（一般用二氧化碳灭火器，变压器处使用干粉灭火器）、砂箱、挡鼠板、绝缘垫、绝缘手套、绝缘靴、防护头盔、验电器、绝缘拉杆等安全用品 |

示意图片（图 5.3-1）：

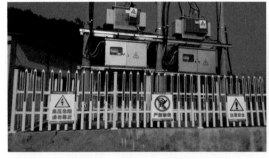

（a）杆式变压器　　　　　　　　　（b）箱式变压器

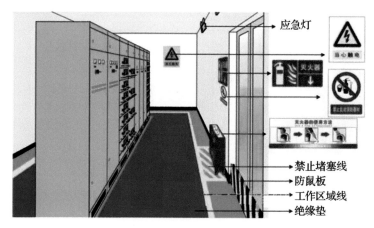

（c）配电室

**图 5.3-1　低压室设置示意图**

5.3.9　配电室内必须配备合格的安全工具及防护设施。

5.3.10　一般变压器均为无载调压，需停电进行，常分Ⅰ、Ⅱ、Ⅲ三挡 +5%、0%、-5%（一次为 10.5 kV、10 kV、0.95 kV，二次为 380 V、400 V、420 V），出厂时一般置于Ⅱ挡。远距离大功率配电宜选Ⅲ挡。

5.3.11　施工现场应按当地电力管理部门要求，接受或委托电力部门认可资质的检测单位对变压器的继保装置进行检测和试验，并向电力部门提交检测报告，具体按地方电力部门属地化管理要求执行。

## 5.4　变压器的运行检查

5.4.1　变压器运行及维护，必须按相关规定配备安全工器具及防护设施，并定期进行电气性能试验。电气绝缘工具（注意区分绝缘电压等级）严禁挪作他用。凡雨、雪天，风力达 4 级以上，相对湿度 75% 以上的天气，不得进行油浸变压器器身检查。

5.4.2　变压器运行噪声检查　变压器在运行过程中会发生异响，应当借助声音的大小不同、变化趋势等细节，合理判断变压器是否发生故障。对于较大但无规律的放电爆裂声，可能是发生了内部故障，比如铁芯被击穿等情况，需要立即进行停电处理。均匀"嗡嗡"声较大，则可能是变压器负荷过大导致的。

5.4.3　变压器油检查　油浸式变压器油温检查非常关键，若是油温控制不好会直接导致配电变压器运行出现故障。一般情况下，82 ℃到 95 ℃之间说明配电变压器油温正常，倘若变压器温度过高则会引发一系列的变压器散热故障。油位指针控制在 1/2～3/4 范围内，如果出现油位过低，则必须及时检查变压器是否发生漏油，若是存在漏油则应当及时修补，保证油位达到标准位置。刚补的油为浅黄色，运行一段时间后则呈现出浅红色，逐渐加深为暗红色。若是发生非常严重的故障，油色会变黑色，可以依照油色辅助日常检查工作。

5.4.4 变压器熔丝检查 高低压熔丝熔断应高度重视，可能是外部短路、过流、绝缘击穿、熔丝安装不正确、尺寸问题等。在检查过程中必须先明确其故障原因，不能盲目地更换熔丝送电。若是发现高压熔丝熔断，则需要先明确是否是受到外力而导致的，比如牵拉过度、熔丝安装过紧等。而发现低压熔丝熔断，应当第一时间检查是否出现外部短路，比如断路器短路、低压母线间短路、相间击穿等。

5.4.5 变压器负荷运行检查 变压器负载电流为额定电流的 75%～85% 时较为合理，该区间的利用率高，变损少。

变压器长时间过负荷运行，会直接导致变压器高温，进而导致绕组绝缘部分烧硬引发匝间短路，也会造成变压器油出现油泥，并聚集在绕组、铁芯、油箱板，严重影响到变压器油散热。因此，运行检查维护时，要注意观察三相负荷电流，应当保证三相负荷电流一致，最大偏差要控制在 10% 范围内。

5.4.6 变压器的绝缘套管检查 绝缘套管若不及时清理容易引发破损裂纹出现放电痕迹，如果遇到阴雨、雾天，则泄漏的电流会因空气潮湿而增大，逐步丧失绝缘性，造成对地闪络，而积垢严重则会直接导致闪络，甚至发生爆炸事故。因此，在日常运维检查过程中，必须认真、仔细地观察绝缘套管，掌握套管积污规律，如周围环境、风向等，为后续清洗工作提供参考。

5.4.7 吸潮器中的硅胶变色程度是否已经饱和；瓦斯继电器内有无空气，是否充满油，油位计玻璃有无破裂，防爆管的隔膜是否完整。

## 5.5 变压器的拆除

5.5.1 项目部确定变压器可以拆除后，自行拆除一级箱以后的用电设施，再向当地电力管理部门申请，由电力管理部门提供电力变压器的拆除时间、方案，并负责实施拆除等工作。

5.5.2 首先需要进行现场勘察和规划、制订拆除方案一般需要对变压器进行清洗和排空处理。卸载操作包括将变压器从基础上解除固定。

5.5.3 在拆除前，需要对变压器周边环境进行危险评估，并采取相应的安全措施。保证施工现场通风良好，避免烟尘积聚和对工人的健康造成危害。

5.5.4 变压器本身，可以进行回收利用或者进行废钢处理。而变压器中所含的化学物质，例如含氯阻燃剂等，需要由专业的危险废物处理公司进行处理。

5.5.5 拆除后，需要将施工现场进行整理和清洁，将脚手架、起重设备等拆除，并将变压器周边清洗干净。清洁包括清理施工时产生的垃圾和废弃物。

## 5.6 发电机组

5.6.1 施工现场临时用电常用供电设施包括柴油发电机、汽油发电机以及风力、太阳能等供电装置，可根据用电容量、使用频次、应用场景、环保要求等进行合理选择。柴油发电机馈电线路连接后，相序应与原供电系统的相序一致。应具备储油量低位报警或显示的功能，并标示应急电源装置的允许过载能力。

设置示例（表 5.6－1）：

**表 5.6－1 发电设施适用范围和标准化设置**

| 典型发电设施型式 | 适用场景示例 | 特点 | 标准化设置要求 |
|---|---|---|---|
| 柴油发电机 | 用于需要较大输出功率的大型用电场所，如两区三场的固定式应急或备用电源，或供电较为困难的施工现场流动式发电，如软基处理、桩基保孔、混凝土浇灌、现场抽排水等 | 1. 重量大，不便移动；<br>2. 输出功率大，启动迅速，可以频繁启停；<br>3. 设备成本相对较高，油耗较低；<br>4. 安全性较好、噪声大 | 1. 优先选择静音式发电机；可选择车载式和固定式安装方式；<br>2. 安装环境应选择靠近负荷中心，进出线方便，周边道路畅通及避开污染源的下风侧和易积水的地方；<br>3. 金属储油桶及专用加油管等设施防止静电聚集，严禁使用塑料油桶；取代油箱的储油桶与发电机采取隔离措施；两桶及以上的油库按易燃易爆防护要求设置；<br>4. 应设置独立的配电箱，电器元件应包括具有明显断开点的电源隔离开关和具有短路、过载、剩余电流保护功能漏电断路器；<br>5. 发电机控制屏宜装设下列仪表：交流电压表、交流电流表、有功功率表、频率表等； |
| 汽油发电机 | 适用于输出功率30 kW以下的小型用电场所，如手持电动工具、水泵、防护作业等 | 1. 重量小，便于移动；<br>2. 输出功率较小；<br>3. 设备成本相对较低，油耗较大；<br>4. 安全性稍差、噪声小 | |

| 典型发电设施型式 | 适用场景示例 | 特点 | 标准化设置要求 |
|---|---|---|---|
| 风力、太阳能发电 | 适用于移动式照明、警示灯具或预警广播等 | 重量轻、输出功率低、成本低、操作方便、安全性好 | 6. 应制定发电机安全操作规程、安全警示标志，并现场张贴；<br>7. 冬季应做好燃油、润滑油、冷却水、备用电源的防冻保暖措施；<br>8. 专用蓄电池室应采用防爆型灯具，室内不得装设普通型开关和电源插座；<br>9. 发电场所配置可用于扑灭电气火灾的灭火器材 |

5.6.2　发电机组电源必须与外电线路电源连锁，严禁与外电线路并列运行；当2台及2台以上发电机组并列运行时，必须装设同步装置，并应在机组同步后再向负载供电。凡不同电源供电的线路应确保相序一致，并在安装时做好检查、标示相序，转换点设置禁止改变相序提示牌。

5.6.3　根据用电情形合理采用固定式或移动式发电机组，固定式发电机组宜设置独立的机房，无外部防护装置的移动式发电机组应设防雨棚。

## 5.7　发电机组的安装

5.7.1　大型用电设备施工现场可优先选用集装箱型、静音型、拖车型等移动式发电机组，小型用电设备施工现场可优先选用便携式小型发电机。

5.7.2　采用便携式小型发电机为手持电动工具、水泵等特殊情况供电无法做到中性点接地时，应采用IT配电系统，其他类型的发电机组应采用中性点接地的TN-S系统进行供电。

5.7.3　发电机组中性点应进行工作接地，震动较大的应设两处接地，防止震裂和松动。设备正常不带电的金属外壳、基座应接保护导体，燃油系统的设备及管道应做防静电接地，静电接地线应单独与接地体或接地干线相连，不得相互串联接地。

安装示例（表5.7-1）：

表 5.7-1 柴油发电机组安装

| 安装形式 | 标准化设置要求 |
|---|---|
| 室内安装 | 1. 发电机组采用混凝土基础安装，高于地面 0.3 m；<br>2. 发电机房应采用耐火极限不低于 2 h 的防火隔墙和 1.5 h 的不燃性楼板与其他部位分隔，各工作房间的耐火等级与火灾危险性类别应符合下表的规定：<br><table><tr><td>名称</td><td>火灾危险性类别</td><td>耐火等级</td></tr><tr><td>发电机间</td><td>丙</td><td>一级</td></tr><tr><td>控制室与配电室</td><td>戊</td><td>二级</td></tr><tr><td>储油间</td><td>丙</td><td>一级</td></tr></table><br>3. 发电机房宜有两个出入口，其中一个应满足搬运机组的要求，门应为甲级防火门，并应采取隔声措施，向外开启；<br>4. 发电机间与控制室、配电室之间的门和观察窗应采取防火、隔声措施，门应为甲级防火门，并应开向发电机间；<br>5. 发电机房内设置储油间时，应独自设置，其总储存量不应大于 1 m³（不超过 8 h 需求量），采取防泄漏和隔油措施，油箱应有室外通气管；<br>6. 储油间应采用耐火极限不低于 3 h 的防火隔墙与发电机间分隔，确需在防火隔墙上开门时，应设置能自行封闭的甲级防火门；<br>7. 发电机房内应设置火灾报警装置，内部所有装修均应采用 A 级装修材料；<br>8. 发电机房内应配置干粉或二氧化碳灭火器、消防沙池；<br>9. 发电机房内应设醒目的"严禁烟火"安全警示标志；<br>10. 发电机房应保持良好的室内通风，散热器和排烟管应通向室外，排烟管孔及烟气散发区域具有一定的防火等级，不得有易燃易爆物；<br>11. 不同功率的发电机组外廓与建筑物的安全距离宜满足下列要求：<br><table><tr><td>发电机组功率/kW</td><td>≤70</td><td>75~150</td><td>200~400</td><td>500~1 000</td></tr><tr><td>发电机组操作面/m</td><td>1.6</td><td>1.7</td><td>1.8</td><td>2.2</td></tr><tr><td>发电机组背面/m</td><td>1.5</td><td>1.6</td><td>1.8</td><td>2.2</td></tr><tr><td>柴油机端/m</td><td>1</td><td>1</td><td>1.7</td><td>2</td></tr><tr><td>发电机端/m</td><td>1.6</td><td>1.8</td><td>1.2</td><td>2.4</td></tr></table> |
| 室外安装 | 1. 位置选择应考虑不影响施工机械作业、地势平坦、方便电缆敷设等因素，高出地面 0.3 m，并保证周边排水通畅；<br>2. 应设置工作棚和警示标志，满足防雨要求，严禁非操作人员进入；<br>3. 发电机组周围不应有明火，移动式金属储油罐离发电机不应小于 2 m；<br>4. 应配备干粉或二氧化碳灭火器，便于取用；<br>5. 发电机组四周宜设置隔音板，减少噪声对四周环境的影响，机架采取垫橡胶板等降噪、减震措施；<br>6. 移动式发电机到用电设备的电缆线布设宜控制在 40 m 内；<br>7. 车载式发电机金属外壳和拖车应有可靠的接地措施 |

示意图片（图 5.7 - 1～图 5.7 - 4）：

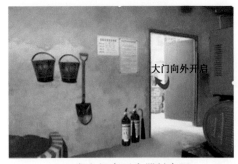

（a）发电机房灭火器材布置　　　　（b）发电机房发电机组安装

**图 5.7 - 1　室内安装示意图**

（a）发电机防护棚设置　　　　（b）自带防护装置的发电机防雨棚设置

**图 5.7 - 2　室外安装示意图**

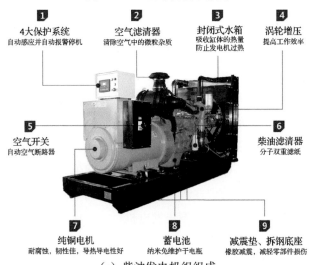

（a）柴油发电机组组成

静音型柴油发电机组　　　　拖车型柴油发电机组　　　　集装箱型柴油发电机组

（b）室外发电机组类型

**图 5.7-3　常用发电机组示意图**

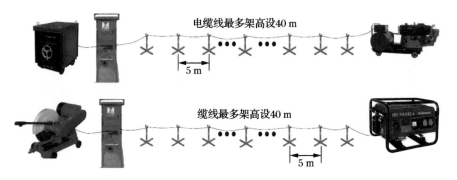

电缆线最多架高设40 m

5 m

缆线最多架高设40 m

5 m

**图 5.7-4　移动式发电机组最大供电距离示意图**

## 5.8　发电机组的运行检查

发电机组使用时应满足下列安全管理要求：

（1）发电机启动前应认真检查各部分接线是否正确，接线是否紧固可靠，接地线状况是否良好；

（2）发电机启动前应认真检查启动机与发电机传动部分，应连接可靠；

（3）检查发电机组有无漏油、漏水等隐患迹象；

（4）发电机开始运转后，应随时注意有无机械杂音，异常振动等情况。确认情况正常后，调整发电机至额定转速，电压调到额定值，检查绝缘正常，然后合上输出开关，向外供电；负荷应逐步增大，力求三相平衡；关闭发电机之前，应先关闭负荷开关，然后按停机程序停止发电机；

（5）运行中的发电机应密切注意发动机声音，观察各种仪表指示是否在正常范围之内，检查运转部分是否正常，发电机温升是否过高，并做好运行记录；

（6）应定期检查发电机启动电瓶电量、启动气瓶气压、燃油储存状况，确保能应急启动。发电机作为重要一、二级备用电源时应具备长时间运行动力，处于同步热启动状态，并在附近配足燃油和润滑油；

（7）发电机组发生火警等突发事件时，应使用机旁配置的二氧化碳灭火器进行灭火，急停柴油原动机并断开发电机电源，紧急撤离周边物品。

## 5.9　发电机组的拆除

5.9.1　拆除准备，检查所有的连接在拖车上的部件和发电机的部件，看连接有无因过度使用的磨损、腐蚀、断裂、金属的弯曲或松了的螺栓等。牵引车、吊装车的能力应在柴油发电机组的重量上加上10％安全系数。

5.9.2　运输路线倾斜不应超过15°（27％），避开坑洼、岩石、障碍物，及软或不牢固的地面。

5.9.3　检查负载的电线及接地电线是否已拆除，窗户、门及工具箱是否已关上、锁好，确保所有外接油管已拆除。

5.9.4　检查运输车或承载轮胎是否气压正常，检查所有车尾灯是否操作正常，并检查所有射灯工作是否正常。

5.9.5　连接有铁链、安全钢缆应可靠接上，将前螺丝千斤顶收紧并用插销或锁固定装置以保证安全，后面稳定千斤顶已升起或锁上。

5.9.6　拆除后要确保做好清场，仍要使用的场所做好接地装置的保护和标识。

## 6.1 TN-S 接地系统

6.1.1 TN-S 接地系统应具备以下功能：

（1）电源隔离功能；

（2）正常接通与分段电路功能；

（3）过载、短路、剩余电流保护功能。

6.1.2 施工现场临时用电采用的 TN-S 接地系统中中性导体（N 线）和保护导体（PE 线）应分开单独设置，不应混接、错接，两者之间不应再做电气连接。

设置示例（表 6.1-1）：

**表 6.1-1 N 线、PE 线标准化设置**

| 导线 | 标准化设置 |
|------|-----------|
| N 线 | 1. 应通过剩余电流保护器；<br>2. 在变压器、发电机低压侧中性点处单独引出，并做工作接地，接地电阻值不大于 4 Ω；<br>3. 禁止在电缆外附加中性导体 |
| PE 线 | 1. 在变压器、发电机低压侧中性点的工作接地线、配电室（总配电箱）电源侧工作零线或总剩余电流保护器电源侧工作零线处单独引出；<br>2. PE 线应单独敷设，不作他用，并在首、末端和中间处作不少于 3 处的重复接地，每处重复接地电阻值不大于 10 Ω，一般主干线水平敷设大于 50 m、垂直敷设大于 20 m 设分配电箱时应设重复接地，长干线每 200 m 需要做一次重复接地，干线终端处 PE 导体应作重复接地；<br>3. 使用具有绿/黄双色标志的绝缘线；<br>4. 禁止通过控制开关和熔断器；<br>5. 禁止在电缆外附加保护线零线；<br>6. 电气装置不带电的外露导电部分要与 PE 线连接； |

**（续表）**

| 导线 | 标准化设置 |
|---|---|
| PE线 | 7. 保护导体所用的材质与相线、中性导体相同时，截面应满足下述规定：<br>　　1）架空敷设和重复接地时，采用绝缘铜线，截面积应不小于 10 mm²，采用绝缘铝线时，截面积应不小于 16 mm²；<br>　　2）与配电装置和电动机外壳连接的保护接零线应为截面积不小于 2.5 mm² 的多股绝缘铜线；<br>　　3）配电干线的 PE 线截面与相线截面的关系如下：<br><br>表格如下 |

| 相线芯线截面 $S/mm^2$ | PE 线最小截面/$mm^2$ |
|---|---|
| S≤16 | S |
| 16＜S≤35 | 16 |
| S＞35 | S/2 |

### 6.1.3　PE 线安装和连接

6.1.3.1　施工中应优先设置接地预埋、接地装置、连接 PE 线。施工现场电气装置不带电的外露导电部分应采用焊接、弹垫压接、螺栓连接或其他可靠方法与 PE 线连接。

安装和连接示例（表 6.1–2）：

**表 6.1–2　PE 线接线设置**

| PE 线接线 | 标准化设置要求 |
|---|---|
| 电气装置不带电的外露导电部分连接 PE 线 | 1. 电气设备的金属底座、框架及外壳和传动装置；<br>2. 水泵、照明灯具、切割机、电焊机和其他携带式或移动式用电器具的金属底座和外壳；<br>3. 箱式变压器的金属箱体；<br>4. 配电、控制、保护用的屏（柜、箱）及滑升模板金属操作平台等的金属框架和底座；<br>5. 室内外配电装置的金属框架及靠近带电部分的金属围栏和金属门；<br>6. 电力电缆的金属保护管、接头盒、终端头以及敷线的钢索、桥架、支架和井架等 |
| PE 线重复接地 | 1. 重复接地连接线应与配电箱、开关箱内的 PE 线汇流排连接；<br>2. 在各接地极上距地面 0.3 m 处设置测试点作接地电阻检测用，测试点需有明显标志；<br>3.TN-S 系统中保护导体设置重复接地的典型位置示例：<br>　　1）配电室或总配电箱（配电柜）处<br>　　2）各分路分配电箱处<br>　　3）各分路最远端固定大型用电设备（如塔式起重机、施工升降机、混凝土搅拌站等大型施工机械设备）开关箱或控制柜设置处 |

示意图片（图 6.1-1）：

（a）电焊机保护接零　　　　　　（b）电动机保护接零

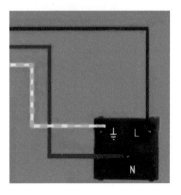

（c）照明设施金属外壳保护接零　　（d）手持电动工具插座护接零

（e）架空线路支架保护接零　　　（f）架空电缆悬挂钢索及支架保护接零

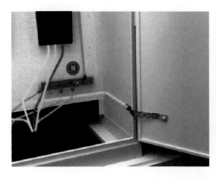

（g）电箱门保护接零

**图 6.1-1 保护接零示意图**

6.1.3.2 用电设备通过自带电源线中的保护导体已经进行接零保护的，不需要单独再接其他 PE 线。用电设备自带电源线中无保护导体的，应将 PE 线连接到设备导电外壳。

6.1.4 PE 线的拆除

6.1.4.1 应最后拆除 PE 线、接地装置。

6.1.4.2 PE 线、接地装置拆除过程中应防止雷电和其他电路的漏电发生电击。

6.1.4.3 PE 线、接地装置不能拆除干净影响通行的，应予以防护。

6.1.5 接地装置的设计

6.1.5.1 工作接地、保护接地、防雷接地、防静电接地、等电位接地等采用同一组接地接时，其接地电阻按其中最小值确定。

防静电接地线不得利用电源零线、不得与防直击雷地线共用。

6.1.5.2 接地装置应符合下列规定：

（1）当利用混凝土中的单根钢筋或圆钢作为接地装置时，钢筋或圆钢的直径不应小于 10 mm；

（2）总接地端子连接接地极或接地网的接地导体，不应少于 2 根且分别连接在接地极或接地网的不同点上；

（3）不得利用输送可燃液体、可燃气体或爆炸性气体的金属管道作为电气设备的保护接地导体（PE）和接地极；

（4）接地装置采用不同材料时，应考虑电化学腐蚀的影响；

（5）铝导体不应作为埋设于土壤中的接地极、接地导体和连接导体。

6.1.5.3　保护导体应符合下列规定：

（1）除测试以外，保护接地导体（PE）、接地导体和保护联结导体应确保自身可靠连接；

（2）电气设备的外界可导电部分不得用作保护接地导体（PE）；除国家现行产品标准允许外，电气设备的外露可导电部分不得用作保护接地导体（PE）。

6.1.5.4　单独敷设的保护接地导体（PE）最小截面积应符合下列规定：

（1）在有机械损伤防护时，铜导体不应小于 $2.5\ mm^2$；

（2）无机械损伤防护时，铜导体不应小于 $4\ mm^2$，铝导体不应小于 $16\ mm^2$。

6.1.5.5　变压器、变电所接地装置的接触电压和跨步电压不应超过允许值。

6.1.5.6　各种输送可燃气体、易燃液体的金属工艺设备、容器和管道，以及安装在易燃、易爆环境的风管必须设置静电防护措施。

6.1.6　接地装置的安装

6.1.6.1　变压器、发电机低压侧中性点工作接地的工频接地电阻≤4 Ω，保护导体重复接地的工频接地电阻≤10 Ω，确保有较小的接地电阻，处于大电流接地状态；注意冲击接地电阻一般小于工频接地电阻，测试的冲击接地电阻比较接近上限时，就要重新测试工频接地电阻。工作接地、重复接地的接地装置设置要求见表 6.1-3、接地体（接地极或网）类型见表 6.1-4。

表 6.1-3　工作接地、重复接地的接地装置设置

| 接地型式 | 标准化设置 |
|---|---|
| 变压器中性点工作接地 | 1. 接地装置宜围绕箱式变压器、杆式变压器等敷设成闭合环形；<br>2. 应采用专门敷设的接地线（如扁钢），接地线与中性点、接地体的连接应牢固（如焊接）；<br>3. 每一接地装置的接地线应采用 2 根导体，在不同点与接地体做电气连接 |
| 发电机中性点工作接地 | 1. 应采用专门敷设的接地线，接地线与接地体的连接应牢固；<br>2. 每一接地装置的接地线应采用 2 根导体，在不同点与接地体做电气连接 |
| 保护导体重复接地 | 1. 应采用专门敷设的接地线，接地线与接地体的连接应牢固；<br>2. 重复接地连接线应与配电箱、开关箱内的 PE 线汇流排连接 |

**表 6.1‑4  接地体（接地极或网）类型**

| 接地装置类型 | 标准化设置 |
| --- | --- |
| 人工接地体 | 1. 垂直接地体宜采用热浸镀锌圆钢、角钢、钢管，长度 2.5 m；<br>2. 水平接地体宜采用热浸镀锌的扁钢或圆钢；<br>3. 不应采用螺纹钢筋或铝材；<br>4. 圆钢直径不小于 12 mm；<br>5. 扁钢、角钢等型钢截面不小于 90 mm²，其厚度不小于 3 mm；<br>6. 钢管壁厚不小于 2 mm；<br>7. 人工垂直接地体的埋设间距 5 m；<br>8. 接地装置的焊接应采用搭接焊接，搭接长度等应符合下列要求：<br>  1）扁钢与扁钢搭接，不小于其宽度的 2 倍，应三面施焊<br>  2）圆钢与圆钢搭接，不小于其直径的 6 倍，应双面施焊<br>  3）圆钢与扁钢搭接，不小于圆钢直径的 6 倍，应双面施焊<br>  4）扁钢与钢管，扁钢与角钢焊接，应紧贴 3/4 钢管表面或角钢外侧两面，上下两侧施焊<br>  5）除埋设在混凝土中的焊接接头以外，焊接部位应做防腐处理 |
| 自然接地体 | 1. 埋设在地下的金属管道，但不包括输送可燃或有爆炸物质的管道；<br>2. 金属井管；<br>3. 与大地有可靠连接的建筑物的金属结构梁、柱；<br>4. 水工构筑物及其他坐落于水或潮湿土壤环境的构筑物的金属管、桩、基础钢筋网（笼）；<br>5. 已可靠接地的生产用起重机的轨道、走廊、平台、起重机与升降机的构架、运输皮带的钢梁、电除尘器的构架等金属结构 |

示意图片（图 6.1‑2）：

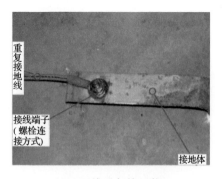

（a）变压器共用接地装置（连接线并联）　　　（b）PE 线重复接地装置

**图 6.1‑2  接地装置设置示意图**

6.1.6.2　桥墩顶、桥面等高处保护接地，宜利用桥梁永久性接地引线或在桩基、基础、下部结构施工时隔跨焊接布设与基础钢筋有效通连的 40 mm× 3 mm 带螺栓孔扁钢。桥梁保护接地典型设计如图 6.1-3。

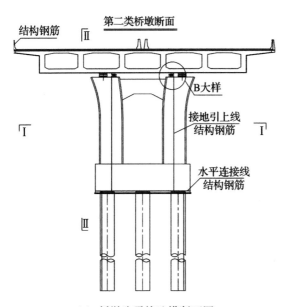

（a）桥墩防雷接地横断面图

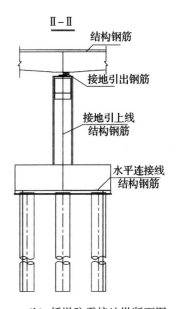

（b）桥墩防雷接地纵断面图

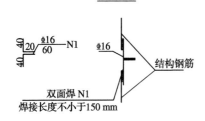

（c）桥墩防雷接地大样图

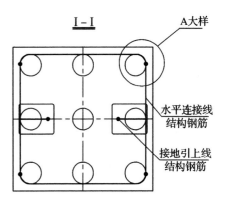

（d）桥墩基础防雷接地平面图

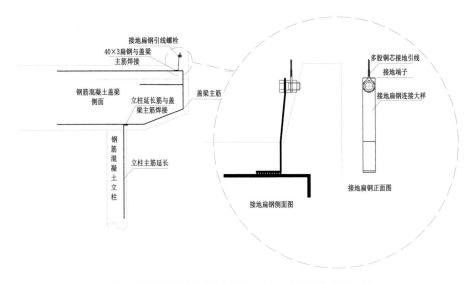

（f）桥面施工接地引线利用主体钢筋防雷接地设计图

**图 6.1-3　桥梁保护接地典型设计图**

6.1.6.3　在高土壤电阻率地区可通过换土、化学处理、添加降阻剂、外引接地、增加深埋等措施降低接地电阻，各种措施宜相互配合使用。

设置示例（表 6.1-5）：

**表 6.1-5　接地装置降阻措施**

| 降阻措施 | 标准化设置要求 |
| --- | --- |
| 换土 | 1. 采用电阻率较低的土壤（如黑土、黏土、砂质黏土等），或保持接地点土壤长期湿润；<br>2. 置换的范围是在接地体周围 1~2 m 的范围内和近地面侧大于等于接地极长的 1/3 区域内 |
| 化学处理 | 1. 在接地体周围土壤中填入食盐、煤渣、木炭、炉渣、电石渣、石灰等化学物质降低土壤电阻率；<br>2. 常用食盐和木炭，采用食盐的处理方式如下：<br>　1）在每根接地体的周围挖直径为 0.5~1.0 m 的坑，将食盐和土壤一层隔一层地依次填入坑内；<br>　2）通常食盐层的厚度约为 1 cm，土壤的厚度大约为 10 cm，每层盐都要用水湿润；<br>　3）由于食盐会加速接地体的锈蚀，同时随盐的逐渐溶化流失接地电阻慢慢变大，需要在人工处理后 2 年左右再进行一次处理 |

（续表）

| 降阻措施 | 标准化设置要求 |
|---|---|
| 添加降阻剂 | 选用满足现行行业标准 DL/T 380《接地降阻材料技术条件》的降阻剂<br>（注：降阻剂由多种成分组成，包括细石墨、膨润土、固化剂、润滑剂、导电水泥等，是一种良好的导电体。将降阻剂用于接地体和土壤之间，一方面能使降阻剂与金属接地体紧密接触，形成足够大的电流流通面；另一方面它能向周围土壤渗透，降低土壤电阻率，在接地体周围形成一个变化平缓的低电阻区域。） |
| 外引接地 | 1. 将接地体埋设在附近的水源或者电阻率低的土壤处，再利用接地线（如扁钢带、双黄线）引接过来作为外引式接地；<br>2. 外引接地装置要避开人行通道；<br>3. 穿过公路时，外引线的埋深≥0.8 m；<br>4. 外引线总长度≤100 m；<br>5. 接地引线不得绕成螺旋弹簧状 |
| 增加深埋 | 接地点的深层土壤电阻率较低，可适当增加接地体的埋入深度；岩石区域需进行钻孔至岩石以下 5 m |

示意图片（图 6.1 - 4）：

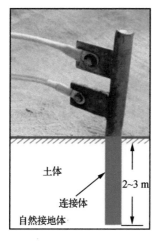

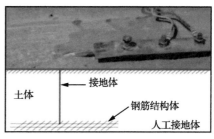

说明：重复接地宜采用角钢、钢管或光滑圆钢，不得采用螺纹钢

（a）圆钢接地体设置

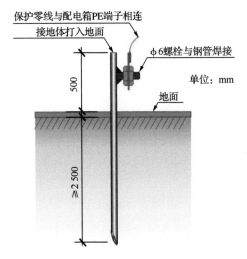

（b）钢管接地体设置

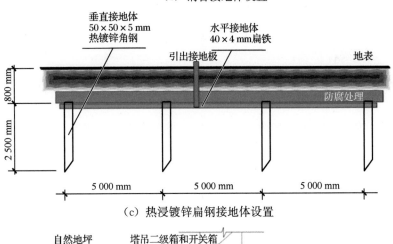

（c）热浸镀锌扁钢接地体设置

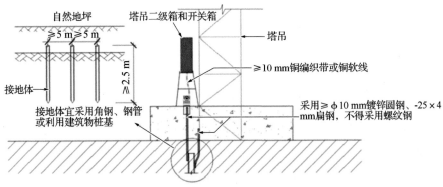

（d）防雷接地和PE线重复接地合一设置

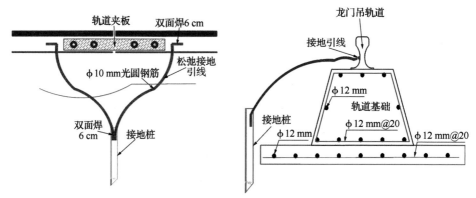

（e）轨道防雷接地设置

**图 6.1-4　接地设置示意图**

6.1.6.4　防雷接地引下线敷设在人员可停留或经过的区域时，应采用下列一种或两种方法，防止跨步电压、接触电压和旁侧闪络电压对人员造成伤害。

（1）外露引下线在高 2.7 m 以下部分应穿能耐受 100 kV 冲击电压（1.2/50 μs 波形）的绝缘保护管；

（2）应设立阻止人员进入的带警示牌的护栏，护栏与引下线水平距离不应小于 3 m。

6.1.6.5　第三类防雷建筑物的雷电防护措施应符合下列规定：

（1）当采用接闪网格法保护时，接闪网格不应大于 20 m×20 m 或 24 m×16 m；当采用滚球法保护时，滚球法保护半径不应大于 60 m。

（2）专用引下线和专设引下线的平均间距不应大于 25 m。

6.1.7　接地装置的拆除

接地装置应在最后拆除，如果是部分拆除，拆除后应重新检测接地电阻，并将余下装置恢复到安全态。

## 6.2　配电结构形式

6.2.1　配电结构形式有放射式、树干式、链式和环形四种形式，可根据情况独立使用或混合使用。

（1）在正常的用电环境中，当大部分用电设备为中小容量，且用电设备无特殊要求时，宜采用树干式配电方式；

（2）当用电设备为大容量，或负荷性质重要，或在有特殊要求的用电环境中，宜采用放射式配电方式；

（3）当部分用电设备距供电点较远，而彼此相距很近、容量很小的次要用电设备，可采用链式配电方式，但每一回路环链设备不宜超过 5 台，其总容量不宜超过 10 kW；

（4）路基、桥梁、隧道等长条形用电场所主干线宜采用树干式配电方式，桥梁主墩、墩台范围内、场站总线、功率较大的重要设备宜采用放射式配电方式，现场电动工具可采用链式配电方式。

设置示例（表 6.2-1）：

**表 6.2-1　配电结构形式**

| 结构形式 | 特点 | 适用场景示例 | 图例 |
|---|---|---|---|
| 放射式 | 1. 若干独立负荷或若干集中负荷均由一根单独的配电干线供电；<br>2. 不同的电源引出线发生故障时互不影响，供电可靠性较高；<br>3. 导线消耗量大，使用开关设备较多，成本较高 | 适用于负荷点比较分散，而各负荷点的用电设备又相对集中，且设备容量大或负荷性质重要、潮湿及腐蚀性环境的场所，如：预制场、钢筋加工场、拌合站、远端独立桥梁、桥梁主墩等 | 220/380 V |
| 树干式 | 1. 若干独立负荷或若干集中负荷按其所在位置依次连接到某一条配电干线上，配线灵活性较大；<br>2. 配电干线发生故障时影响范围大，供电可靠性较差；<br>3. 开关设备较少，导线消耗量少，成本较低；<br>4. 通常与"放射式"混合使用 | 适用于供电线路长、用电设备相对分散的场所，如：办公、住宿区各房间、软基打桩加固处理段、沿线小型结构物、桥梁结构施工现场等 | 220/380 V |

（续表）

| 结构形式 | 特点 | 适用场景示例 | 图例 |
|---|---|---|---|
| 链式 | 1. 类似树干式的配电线路，但各负荷与配电干线之间不是独立支接；<br>2. 在主链中任何地方发生故障都会影响全链设备，供电可靠性较差 | 适用于用电设备距离供电点较远，而彼此相距很近、容量小的次要用电设备场所，且链接独立负荷不宜超过 5 个，其总容量不宜超过 10 kW 的场所，如桥涵施工现场小件电动工具设备 | |
| 环式 | 1. 由两条配电线路（或两电源）同时向同一负荷点供电，成本较高；<br>2. 任何一条线路出现故障或检修时均不影响供电中断，供电可靠性较高 | 对于重要的用电设备高压电源，可设一路进线为正常电源，另一路进线为备用电源，并装设备用电源联锁、自动投入装置，如盾构设备、大型吊装设备等常常采用开环运行<br>低压线路网可在用电车间中少数大型用电设备流动性较大时进行环式配电比较经济，为方便检修可加设中间断路器 | |

6.2.2 针对施工现场不同的低压配电线路敷设方式，可合理采取配电结构形式。

设置示例（表 6.2 - 2）：

**表 6.2 - 2 配电结构形式选择**

| 线路敷设方式 | 典型配电结构形式 |
|---|---|
| 架空线路 | 特点：架空线路易受风雪天气影响，可能碰撞或过分接近树木及其他高大设施或物件，导致电击、短路等事故；可能妨碍交通和建设，易受空气中杂物的污染。但其造价低、机动性强、占地少、易于维修、受洪涝水位影响小；市面架空线抗拉能力强，多用铝材，比较经济，相比电缆线路有较高的额定电流。架空线路应考虑架空导线自身重量和温度变化时内部拉力增加的荷载，还有承覆冰、风压等外荷载。<br>应用示例：1.总配电箱至分配电箱：宜采用"放射-树干式""树干-放射式"配线<br>2.分配电箱至开关箱（或控制柜）：可采用"放射-树干式"或"放射-链式"配线 |

**(续表)**

| 线路敷设方式 | 典型配电结构形式 |
|---|---|
| 电缆线路 | 特点：电缆线路造价高，对线路防水、抗拉、防挤压要求高，不便分支，不易施工和检修。但其供电可靠，不受外界影响，不易发生因雷击、风害、冰雪等自然灾害造成的故障，特别是可适用于有腐蚀性气体或蒸气，或易燃、易爆的场所，易于屏蔽保护、下埋过路、穿越障碍。<br>应用示例：1. 总配电箱至分配电箱：宜采用放射式配线，树干式配线时增加T接分支；<br>　　　　　　2. 分配电箱至开关箱（或控制柜）：可采用"放射式"或"放射-链式"配线 |
| 顶管电缆线路 | 特点：顶管电缆线路造价高、可顺利穿越障碍、减少对已建基础设施的破坏、不影响现场交通、可加快施工进度、综合效益好。由于属地下设施，位置和深度记录不准确、不完善，或顶管区城市档案资料不全，有的甚至根本无图可查。如果不搞清楚，一旦既有管线遭到损坏，后果非常严重。<br>应用示例：1. 10 kV 线路不便用架空或埋地线路布设时；<br>　　　　　　2. 低压线路直线布设有障碍物，绕过供电距离过远；<br>　　　　　　3. 交通网中岛状施工区域 |
| 架空-电缆混合线路 | 可综合参照上述形式，但需注意线路材质不同时，应采用铜铝转换接头；相同材质相同线径额定电流不同，线路感抗不同 |
| 多台专用变压器分区供电 | 当用电规模较大，且属于重要工程的施工现场，可考虑采用分区域供电，重要电源互为备用 |
| 照明线路 | GB/T 50034—2024《建筑照明设计标准》规定正常照明单相分支回路电流不宜大于 16 A，一条回路光源数或 LED 灯具数不宜超过 25 个，高强度气体放电灯的单相分支回路的电流不宜大于 25 A。<br>施工现场宜分区域照明，基本照明与区域施工照明分路设置，基本照明宜采用照度或时间自动控制，太阳能、风能灯具；照明总线应设额定剩余电流动作值不大于 15 mA 的，无延时的，动作时间 0.1 s 的剩余电流动作保护电器；每台移动式投光灯电源线设额定剩余电流动作值不大于 10 mA 的，无延时的，动作时间 0.1 s 的剩余电流动作保护电器。 |

## 6.3　配电线路

6.3.1　一般规定（引自 GB 55024—2022《建筑电气与智能化通用规范》），高强度气体放电灯的单相分支回路的电流不宜大于 25 A。

6.3.1.1　电力线缆、控制线缆和智能化线缆敷设应符合下列规定：

（1）不同电压等级的电力线缆不应共用同一导管或电缆桥架布线；

（2）电力线缆和智能化线缆不应共用同一导管或电缆桥架布线；

（3）在有可燃物闷顶和吊顶内敷设电力线缆时，应采用不燃材料的导管或电

缆槽盒保护;

（4）除安全特低电压外，室外埋地敷设的电力线缆、控制线缆和智能化线缆应采用护套线、电缆或光缆，并应采取相应的保护措施;

（5）室外埋地敷设的电力线缆、控制线缆和智能化线缆不应平行布置在地下管道的正上方或正下方;

（6）当采用电缆排管布线时，在线路转角、分支处以及变更敷设方式处，应设电缆人（手）孔井。电缆人（手）孔井不应设置在建筑物散水内。

6.3.1.2 导管和电缆槽盒内配电电线的总截面面积不应超过导管或电缆槽盒内截面面积的40%；电缆槽盒内控制线缆的总截面面积不应超过电缆槽盒内截面面积的50%。

6.3.1.3 在隧道、管廊、竖井、夹层等封闭式电缆通道中，不得布置热力管道和输送可燃气体或可燃液体管道。

6.3.2 线缆选用

6.3.2.1 应选择具有"3C认证"的产品，不应使用破损及不合格的非标线缆。施工现场应根据用电设备容量选择满足规范标准要求的线缆，符合电流不应大于安全载流量。

6.3.2.2 应注意不同型号电线电缆性能和适用性：

（1）电性能：①导电性能：要求有良好的导电性能②电绝缘性能：绝缘电阻，耐压，打高压③传输特性：高频传输特性、防止干扰特性等;

（2）机械性能：抗拉强度、伸长率、弯曲性、弹性、柔软性、耐振动、耐磨性以及耐机械力冲击等;

（3）热性能：产品的耐温等级，工作温度;

（4）耐腐蚀和耐气候性能：耐电化腐蚀、耐生物和细菌腐蚀、耐化学药品侵蚀、耐盐雾、耐光、耐寒、防霉以及防潮性能等;

（5）老化性能：在机械应力、电应力、热应力以及其他各种外加因素的作用下，或气候条件作用下，产品及其组成材料保持原有性能的能力;

（6）产品燃烧性能：水平、垂直阻燃性能;

（7）其他性能：包括部分材料的物性以及产品某些特殊使用特性、相色标志。

6.3.2.3 施工现场应根据实际工况和施工部署选择合适的线缆：

（1）可选用铜芯电缆、铝芯电缆、钢芯铝绞线、滑触线，绝缘类型可以是聚氯乙烯、交联聚乙烯或橡皮绝缘；

（2）涉及现场消防电源的回路应使用耐火电缆；

（3）架空敷设的电缆，宜选用铝芯无铠装电缆，埋地敷设的电缆，宜选用铠装电缆，易挤压拉伸处采用铠装电缆应增加保护措施，避免铠装层割断绝缘层发生短路现象；

（4）一般作业场所使用的无铠装电缆要保证绝缘效果，埋地电缆要保证防水、防腐蚀的要求；

（5）移动式配电箱、开关箱、设备、室外灯具、流动灯具的电源线、负荷线应使用橡皮绝缘电缆，不应采用塑料线或普通橡皮线。

示意图片（图 6.3-1）：

**图 6.3-1  电缆类型示意图**

6.3.2.4  N 线材质应与相线一致，线径在单相回路中应与相线一致，在三相回路中应不小于相线的 50%。PE 线材质与线径应满足表 6.1-2 标准化要求。

6.3.2.5  在"三相四线制"配电线路中，电缆应包含全部工作芯线和用作保护导体的芯线。淡蓝色芯线应用作 N 线；绿/黄双色芯线应用作 PE 线，严禁混用。

示意图片（图 6.3-2）：

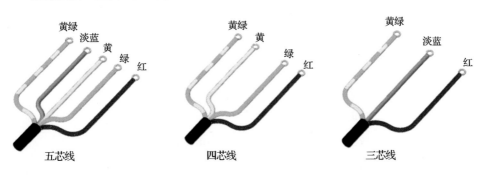

**图 6.3-2  电缆芯线数示意图**

6.3.2.6　电缆芯线数应根据负荷及其控制电器的相数和线数确定：

（1）三相四线制时，应选用五芯电缆；

（2）三相三线制时，应选用四芯电缆；

（3）当三相用电设备中配置有单相用电器具时，应选用五芯电缆；

（4）单相二线时，应选用三芯电缆；

（5）不应使用三芯、四芯电缆外加单根绝缘线或二芯电缆拼成四芯或五芯电缆使用。不应在电缆外附加 N 线或 PE 线；

（6）当设备电源线不含 PE 线时，经专家论证后可采取更换符合要求的电源线。

示意图片（图 6.3-3）：

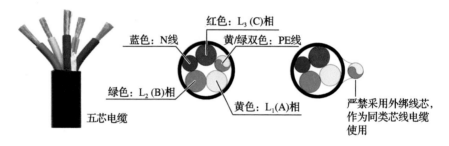

**图 6.3-3　电缆选择示意图**

设置示例（表 6.3-1）：

**表 6.3-1　电缆选择标准**

| 线路走向 | 线路末端 | 供电线缆 | 备注 |
|---|---|---|---|
| 变压器→总配电箱 | 配电室或总配电箱 | 钢芯铝绞线架空、排线、母线槽、五芯电缆 | 如遇经常电磁影响、动物啃咬时可选用铠装电缆 |
| 总配电箱→分配电箱 | 预制场、钢筋加工场、拌合场 | 钢芯铝绞线架空、五芯电缆 | — |
| 总配电箱→分配电箱 | 软基处理及桥梁、隧道等施工 | 钢芯铝绞线架空、五芯电缆 | — |
| 总配电箱→分配电箱 | 移动式分配电箱 | 多股五芯绝缘软电缆 | — |
| 总配电箱→分配电箱 | 固定式分配电箱 | 四芯/五芯电缆 | — |

| 线路走向 | 线路末端 | 供电线缆 | 备注 |
|---|---|---|---|
| 分配电箱→开关箱 | 开关箱/控制柜 | 多股三芯/四芯/五芯绝缘软电缆 | — |
| 开关箱→用电设备 | 用电设备 | 多股绝缘铜芯软电缆 | 手持电动工具的负荷线应采用耐气候型高强度铜芯橡皮护套软绝缘电缆 |
| | | 架空滑触线 | 裸滑触线<br>绝缘滑触线 |

### 6.3.2.7 线路的选择

线路绝缘材料应该具有良好的耐高温、耐磨损、耐油污等性能，以保证电缆在长期使用过程中不会出现老化、断裂等问题，电线电缆应具有良好的导电性能和耐腐蚀性能。同时，绝缘材料的厚度也应该根据电缆的使用环境和要求来选择，能够保证电流传输的稳定性和可靠性。

应避免电缆过长或过短导致的电压降低或电流过大等问题。布线方式应该根据实际情况来选择，确保电缆的布置合理、美观、易于维护。

电缆的安装应该符合相关的安全规范和标准，避免电缆受到机械损伤、电磁干扰等问题。电缆的维护也应该定期进行，检查电缆的绝缘状态、接头是否松动、是否有损伤等问题，及时进行维修或更换。

配电线路线径选择原则：同一低压线路载流量一般是前端大、后端小（或等同），电箱内配线应大一个载流量等级。

从末级分配电箱的出线开始，线路载流量应满足设备长期稳定运行要求，应不低于出厂配置电源线的防护性能，不小于出厂配置电源线的截面积和芯数。

电源线的载流量应大于回路的工作电流，且至少等于所选使用系数的负载电流或125%的满负荷额定电流，取其中较大的电流。电机电源线选择可参考表6.3-2，此表数据为铜芯电缆，铝芯电缆应在此基础上加大1～2级。三相电机电源线选择表可根据电机型号省去N线但不得省去PE线。

表6.3－2　三相电机电源线选择参考表

| 序号 | 功率/kW | 电流/A | 电缆选用（最佳）/mm² | 电缆选用（最小）/mm² |
|---|---|---|---|---|
| 1 | 1.1 | 2.2 | 5×2.5 | |
| 2 | 2.2 | 4.4 | 5×2.5 | |
| 3 | 3 | 6.2 | 5×2.5 | |
| 4 | 4 | 8.2 | 5×2.5 | |
| 5 | 5.5 | 11.1 | 3×4+2×2.5 | |
| 6 | 7.5 | 14.3 | 3×4+2×2.5 | |
| 7 | 11 | 21.6 | 3×6+2×4 | |
| 8 | 15 | 30.1 | 3×10+2×6 | |
| 9 | 18.5 | 36.5 | 3×16+2×6 | |
| 10 | 22 | 40.5 | 3×16+2×6 | |
| 11 | 30 | 57.6 | 3×25+2×16 | |
| 12 | 37 | 69.9 | 3×25+2×16 | |
| 13 | 45 | 83.9 | 3×35+2×16 | |
| 14 | 55 | 97.2 | 3×50+2×25 | 3×35+2×16 |
| 15 | 65 | 104.7 | 3×70+2×35 | 3×50+2×25 |
| 16 | 75 | 139.6 | 3×70+2×35 | 3×70+2×35 |
| 17 | 90 | 166 | 3×95+2×50 | 3×70+2×35 |
| 18 | 110 | 217 | 3×120+2×70 | 3×95+2×50 |
| 19 | 132 | 238 | 3×150+2×70 | 3×95+2×50 |
| 20 | 200 | 351 | 3×240+2×120 | 3×185+2×95 |
| 21 | 220 | 389 | 3×240+2×120 | 3×185+2×95 |
| 22 | 280 | 489 | 2×(3×185+2×95) | 2×(3×185+2×95) |
| 23 | 315 | 556 | 2×(3×185+2×95) | 2×(3×185+2×95) |

### 6.3.3　回路设置

6.3.3.1　三芯电缆回路：在施工现场220 V回路当中，除外壳及底座绝缘的照明灯具可使用两芯线外，其余所有220 V用电设备应使用三芯线，即相线、N线、PE线。

6.3.3.2 四芯、五芯电缆回路：除个别三相电动机，三相平衡性能比较稳定的用电设备可使用四芯电缆，其余380 V用电设备应使用五芯电缆。

6.3.3.3 多个电缆排列时，每个电缆中三相电压或电流的顺序可能不一致。这会导致电缆的电气性能受到影响，从而造成电路故障，进而影响到设备的正常运行，甚至损坏设备，A-B-C、B-C-A和C-A-B为顺相序或正相序，是常用相序。

示意图片（图6.3-4）：

图6.3-4 动力、照明电缆回路设置示意图

### 6.3.4 线路敷设

6.3.4.1 电缆桥架本体之间的连接应牢固可靠，金属电缆桥架与保护导体的连接应符合下列规定：

（1）电缆桥架全长不大于30 m时，不应少于2处与保护导体可靠连接；全长大于30 m时，每隔20~30 m应增加一个连接点，起始端和终点端均应可靠接地；

（2）非镀锌电缆桥架本体之间连接板的两端应跨接保护联结导体，保护联结导体的截面面积应符合设计要求；

（3）镀锌电缆桥架本体之间不跨接保护联结导体时，连接板每端不应少于2个有防松螺帽或防松垫圈的连接固定螺栓。

6.3.4.2 室外的电缆桥架进入室内或配电箱（柜）时应有防雨水进入的措施，电缆槽盒底部应有泄水孔。

6.3.4.3 母线槽的金属外壳等外露可导电部分应与保护导体可靠连接，并应符合下列规定：

（1）每段母线槽的金属外壳间应连接可靠，母线槽全长应有不少于2处与保护导体可靠连接；

（2）母线槽的金属外壳末端应与保护导体可靠连接；

（3）连接导体的材质、截面面积应符合设计要求。

6.3.4.4　当母线与母线、母线与电器或设备接线端子采用多个螺栓搭接时，各螺栓的受力应均匀，不应使电器或设备的接线端子受额外的应力。

6.3.4.5　施工现场供用电电缆敷设基本要求：

（1）电缆线路路径上有可能使电缆受到机械性损伤、化学作用、地下电流、振动、热影响、腐蚀物质、虫鼠等危害的地段，应采取保护措施；

（2）施工现场外部电源引入线路可采用绝缘电缆或绝缘电线，不宜采用架空裸导线；

（3）可采用架空、悬挂式架空、直埋、沿支架、沿电缆沟、沿墙壁、托架、桥架、穿管等方式进行敷设；可采用电缆支架、钢索悬挂、桥架线槽、挂钩或吊绳等支持与固定；电缆明敷时，最大跨距应符合下列规定：

①应满足支架件的承载能力和无损电缆的外护层及其导体的要求；

②应保持电缆配置整齐；

③应适应工程条件下的布置要求；

④直接支持电缆的普通支架（臂式支架）、吊架的允许跨距宜符合表6.3－3的规定。

表6.3－3　普通支架（臂式支架）、吊架的允许跨距

单位：mm

| 电缆特征 | 敷设方式 | |
|---|---|---|
| | 水平 | 垂直 |
| 未含金属套、铠装的全塑小截面电缆 | 400* | 1 000 |
| 除上述情况外的中、低压电缆 | 800 | 1 500 |

注：＊能维持电缆较平直时，该值可增加1倍。

（4）不应敷设在树木上或直接绑挂在金属构架和金属脚手架上；

（5）不应接触潮湿地面或泡水，应避开过热、腐蚀以及储存易燃、易爆物的仓库等影响线路安全的区域，应避开易遭受机械性外力的交通、吊装、挖掘作业频繁场所，以及河道、低洼、易受雨水冲刷的地段，不应跨越在建工程、脚手架、临时建筑物；

（6）线缆敷设应根据现场实际做好防护措施。

6.3.4.6 电缆敷设应符合下列规定：

（1）并联使用的电力电缆，敷设前应确保其型号、规格、长度相同；

（2）电缆在电气竖井内垂直敷设及电缆在大于 45°倾斜的支架上或电缆桥架内敷设时，应在每个支架上固定；

（3）电缆出入电缆桥架及配电箱（柜）应固定可靠，其出入口应采取防止电缆损伤的措施；

（4）电缆头应可靠固定，不应使电器元器件或设备端子承受额外应力；

（5）耐火电缆连接附件的耐火性能不应低于耐火电缆本体的耐火性能。

6.3.4.7 配电装置进出线路基本要求：

（1）分配电箱、开关箱的进、出线口应配置固定线卡，进出线应加绝缘护套并成束卡固在箱体上，不应与箱体直接接触；

（2）移动式分配电箱、开关箱的进、出线应采用橡皮护套绝缘电缆，中部不应有接头，接线端子处不应承受较大的拉力。

6.3.4.8 导线连接应符合下列规定：

（1）导线的接头不应裸露，不同电压等级的导线接头应分别经绝缘处理后设置在各自的专用接线盒（箱）或器具内；

（2）截面面积 6 mm$^2$ 及以下铜芯导线间的连接应采用导线连接器或缠绕搪锡连接；

（3）截面面积大于 2.5 mm$^2$ 的多股铜芯导线与设备、器具、母排的连接，除设备、器具自带插接式端子外，应加装接线端子；

（4）导线接线端子与电气器具连接不得采取降容连接。

设置示例（表 6.3-4、表 6.3-5）：

表 6.3-4 典型供用电现场电缆敷设方式

| 典型场景 | 可选择敷设方式 |
| --- | --- |
| 两区 | 宜采用塑料夹、穿管等方式敷设，且管内、槽板内不应有接头，接头应放在接线或分线盒内，线路交叉或与管道交叉时，每根导线应穿绝缘管进行防护 |
| 三场、码头 | 宜采用埋地、架空、桥架、电缆保护槽等方式 |
| 过路电缆 | 宜采用埋地、架空、穿钢管、槽钢、电缆保护槽（盖板）等方式 |

（续表）

| 典型场景 | 可选择敷设方式 |
|---|---|
| 桥隧结构物施工供电线路 | 对于钢便桥、栈桥、桥墩、桥梁上部结构等高大构筑物以及隧道施工，宜通过穿管、沿支架（电缆托架）、电缆沟、电缆井、桥架等方式设置专用电缆通道 |
| 龙门吊、桁吊等起重机供电线路 | 宜采用滑触线 |
| 架桥机、运梁平车、短距离运行龙门吊、大功率桩工机械移动电缆 | 宜采用绕线器、悬挂滑线电缆、电缆滑板车 |
| 移动式电气设备电源线 | 宜采用移动支架、绕线盘、绝缘悬挂、穿软管等方式 |

**表 6.3‑5 典型电缆敷设方式设置要求**

| 典型敷设方式 | 标准化设置要求 |
|---|---|
| 电杆架空敷设 | 1. 架空线路的线间距不应小于 0.3 m，靠近电杆的两导线的间距不应小于 0.5 m；<br>2. 非钢芯铝绞线架空线路的杆距宜≤35 m，钢芯铝绞线架空线路的杆距可达 100～125 m，且高度应满足安全净空要求；<br>3. 动力和照明线在同一横担上架设时，导线排列相序应为（面向负荷从左起）$L_1$、N、$L_2$、$L_3$、PE；在两层横担上架设时，动力线在上层，相序为 $L_1$、$L_2$、$L_3$，照明线在下层，相序为 L、N、PE；<br>4. 电杆埋设深度宜为杆长的 1/10 加 0.6 m，回填土应分层夯实，在松软土质处宜加大埋入深度或采用卡盘等加固；<br>5. 电杆宜设置拉线，要求如下：<br>　1）拉线宜采用规格不小于 35 mm² 的镀锌钢绞线；<br>　2）拉线与电杆的夹角应在 30°～45°之间；<br>　3）拉线埋设深度不应小于 1.2 m；<br>　4）拉线如从导线之间穿过，应在高于地面 2.5 m 处装设拉线绝缘子 |
| 其他架空敷设 | 1. 沿墙体采用"支架＋瓷瓶"进行架空：在角钢支架上设置瓷瓶固定点，将瓷瓶固定在支架上，每隔 3～5 m 固定一个支架，支架高度不低于 2.5 m；<br>2. 沿墙体采用"支架＋钢丝绳＋绝缘挂钩"进行架空：在角钢支架上设置钢丝绳穿线孔，每隔 8～10 m 固定一个支架，拉设钢丝绳，每隔 2～3 m 固定一个绝缘挂钩，在挂钩上放置电缆线，钢丝绳两端应与 PE 线相连接；<br>3. 采用移动式"绝缘挂钩、绝缘挂架、绝缘支架"进行架空：可使用多开口挂架、"S"弯钩、塑料三角支架等方式，每隔 2～3 m 设置一处临时支点，在支点上放置电缆线；<br>4. 电缆支架的层间允许最小层间净距不应小于两倍电缆外径加 10 mm |

**(续表)**

| 典型敷设方式 | 标准化设置要求 |
|---|---|
| 埋地敷设 | 1. 电缆直埋敷设于下列场所宜采用浅槽敷设方式：①地下水位较高的地方；②通道中电力电缆数量较少，且在不经常有载重车通过的户外配电装置等场所。<br>2. 电缆直埋敷设于非冻土地区时，埋置深度应符合下列规定：①**电缆外皮至地下构筑物基础，不得小于 0.3 m**（引自 GB 50217—2018《电力工程电缆设计标准》5.3.3）；②电缆外皮至地面深度，不得小于 0.7 m，并应在电缆周围均匀敷设不小于 50 mm 厚的细沙，然后覆盖砖或混凝土板等硬质保护；当敷设于耕地下时，应适当加深，且不宜小于 1 m；<br>3. 当埋地电缆穿越建筑物、道路时，易受到机械损伤，引出地面从 2.0 m 高到地下 0.2 m 处，应加设防护套管，防护套管内径不应小于电缆外径的 1.5 倍；<br>4. 埋地电缆与附近外电电缆和管沟的平行间距不应小于 2 m，交叉间距不应小于 1 m；<br>5. 埋地电缆与场内道路、便道、地方道路交叉时，应敷设于坚固的保护管内，保护管的两端宜伸出道路路基两边 0.5 m，伸出排水沟 0.5 m；<br>6. 埋地电缆在直线段每隔 50～100 m 处、电缆接头处、转弯处、进入建筑物等处，应设置明显的方位标志；<br>7. 埋地电缆的接头应设置在地面上的接线盒内，接线盒应能防水、防尘、防机械损伤，并应远离易燃、易爆、易腐蚀场所 |
| 电缆桥架 | 1. 电缆桥架穿墙安装时，在墙的外侧应采取防雨措施，由室外较高处引到室内时，电缆桥架应先向下倾斜，然后以向外≥1/100 的坡度引到室内；<br>2. 桥架的固定方式可为悬吊式、直立式、侧壁式或混合式，连接件、紧固件、盖板等应配套使用；<br>3. 桥架水平敷设时，支撑间距一般为 1.5～3 m，垂直敷设时固定在建筑物构体上的间距宜小于 2 m；<br>4. 电缆桥架宜高出地面 0.5 m，宽度不宜小于 0.1 m，桥架内横断面的填充率≤50%；<br>5. 电缆桥架与用电设备交越时，其间的净距不小于 0.5 m；<br>6. 两组电缆桥架在同一高度平行敷设时，其间净距不小于 0.6 m；<br>7. 布放在线槽的缆线可以不绑扎，槽内缆线应顺直尽量不交叉。缆线不应溢出线槽，在缆线进出线槽部位转弯处应绑扎固定；<br>8. 10 kV 与 0.4 kV 电力电缆平行时距离不小于 0.2 m；0.4 kV 电力电缆之间及其与控制电缆之间的最小净距，平行时 0.1 m，交叉时 0.5 m；强电与弱电直线距离必须大于 0.3 m；<br>9. 垂直线槽布放缆线应每间隔 1.5 m 固定在缆线支架上，水平敷设时在缆线的首、尾、转弯及每间隔 3～5 m 处进行固定；<br>10. 混合用桥架时，应将电力电缆和弱电电缆各置一侧，中间采用隔板分隔；<br>11. 金属电缆桥架全长应不少于 2 处与 PE 线相连接 |
| 其他保护性敷设方式 | 1. 通过在干燥不积水地面开槽、设置盖板、设置绝缘电缆保护槽等方式进行电缆保护性敷设；<br>2. 通过穿钢管、PVC 管、软质波纹管等进行电缆保护性敷设；<br>3. 通过在桥面湿接缝等位置挂设绝缘防火网进行电缆保护性敷设 |

示意图片（图 6.3 - 5～图 6.3 - 11）：

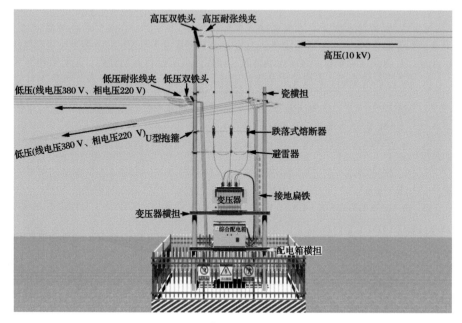

图 6.3 - 5　双杆变压器台结构示意图

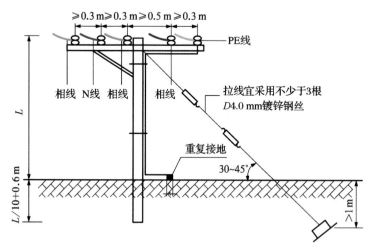

图 6.3 - 6　架空杆线示意图

图 6.3‑7 龙门吊滑触线示意图

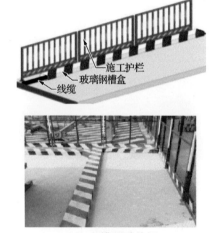

（a）电缆硬质盖板　　　（b）电缆绝缘盖板＋穿管临时地面敷设

图 6.3‑8 地面电缆敷设保护做法示意图

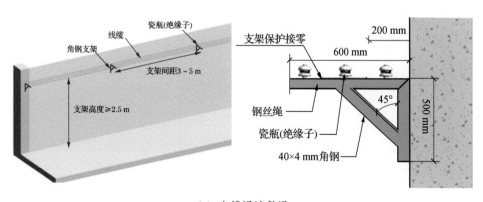

（a）电线沿墙敷设

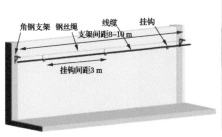

（b）电缆沿墙敷设　　　　　　　　　　（c）电缆用塑料三角架敷设

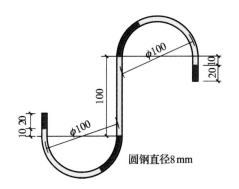

（d）电缆绝缘悬挂敷设

（e）电缆穿管保护架空敷设　　　　　　　（f）设备电缆沿架体敷设

**图 6.3‑9　架空敷设保护做法示意图**

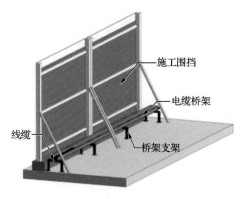

（a）电缆沿墙桥架敷设　　　　（b）电缆沿架体桥架敷设

**图 6.3‑10　桥架敷设做法示意图**

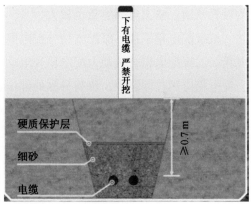

**图 6.3‑11　电缆埋地敷设保护做法示意图**

### 6.3.5　线路拆除

6.3.5.1　低压电线电缆拆除不得采用带电拆除的方案，有邻近电路也应处于停电状态；拆除后应对邻近电路保护、检查后方可送电。

6.3.5.2　低压电线电缆拆除应先拆电缆卸载，再拆支架、托盘等；应利用性拆除，防止拆除损伤电线电缆；拆除下来的电线电缆应检测后根据状态入库管理。

## 6.4　分级配电系统

### 6.4.1　配电箱的分类

根据分级配电的要求，配电箱按功能分为：一级配电箱（或称为总配电箱）、分配电箱（或称为二级配电箱，也可能是三级、四级分配电箱）、开关箱（亦称低级配电箱、末端配电箱，实行"一机一箱一闸一漏保"时，开关箱不属于一个配电级；实行链式配电时，开关箱属于一个配电级），从电源进线至用电负载之间，不宜超过三级配电。

配电箱结构形式通常分为两种：①焊接结构：简单地把钣金件、型材经过裁剪、折弯、开孔然后焊接起来。②拼装结构：把钣金件、型材分开加工，每个部件加工好以后再组装，用螺丝和三通加固锁定，外观漂亮，操作简单，可以节约大量的运输成本。

一级配电箱是供电系统的动力配电中心，它们会被安装在变电站内，负责将电能分配给二级分配电箱。一级配电箱有较高的电气参数，因此一级配电箱的结构较为复杂，输出电路容量也较大。

二级配电箱承接一级配电箱分配电能，并再将其分配给就近的负荷或三级配电箱。二级配电箱分为动力配电箱和电动机控制中心，两者的应用部位相反，动力配电箱应用在回路少、负荷分散的部位，而电动机控制中心应用于回路多、负荷集中的部位。

开关箱分为照明配电箱和动力配电箱，它们的布置较为分散、容量也较小，负责控制最低级的负荷配电。

6.4.2  配电箱（柜）设置基本要求

6.4.2.1  配电箱（柜）的机械闭锁、电气闭锁应动作准确、可靠。

6.4.2.2  低压配电柜的保护接地导体与接地干线应采用螺栓连接，防松零件应齐全。

6.4.2.3  总配电箱、分配电箱应根据便道便桥、地形、跨径、墩型，考虑主干线上分配电箱的分布；根据桩基、基础、下部结构、上部结构、桥面结构、附属结构不同，施工工艺的最大功率用电设备、最多用电设备台数综合考虑布设；一般要设置一路满足一套设备最大功率的电器元件，总开关与分路开关电器元件梯级不明显，一般保留一路备用电器元件。分配电箱可以全部一步到位，也可以预留主干线 T 接，分期连接，但应做好预留 T 接的绝缘保护。

施工现场树干式布线的分配电箱，往往只有几台大功率设备对应的电箱在使用，各级电箱主回路电器元件梯级不明显。

6.4.2.4  配电箱应符合 GB 7251.4（《低压成套开关设备和控制设备 第四

部分：对建筑工地用成套设备（ACS）的特殊要求》）的要求，选择冷轧钢板或阻燃绝缘材料，其中开关箱箱体钢板厚度不应小于1.2 mm，总、分配电箱（柜）箱体钢板厚度不应小于1.5 mm，箱体内外表面应做防腐处理。

6.4.2.5　配电箱应装设端正、牢固，户外安装时应使用户外型。配电箱箱体应平整，防护等级应满足 IP23 要求，露天安放时总配电箱等大功率电箱宜采用满足 IP44 等级的产品。

## 6.5　配电箱安装

6.5.1　室外落地式配电箱（柜）应安装在高出地坪不小于 200 mm 的底座上（引自 GB 55024—2022《建筑电气与智能化通用规范》8.4.3），底座周围应采取封闭措施，配电箱安装要求见表6.5-1。

表 6.5-1　配电箱、开关箱设置

| 配电设施 | 标准化设置 |
|---|---|
| 总配电箱 | 1. 总配电箱设在靠近电源的区域（当区域中设备较多时，总配电箱宜设在靠近负荷集中的区域，如拌合站、钢筋加工场、预制场等）；<br>2. 配电室内落地安装的总配电箱，其底部离地面不应小于0.2 m；<br>3. 宜设防护棚，并采取隔离措施；<br>4. 低压电源引入至集中用电点，应设总配电箱（柜），并在受电端装设具有隔离功能的电器 |
| 分配电箱 | 1. 分配电箱设在用电设备或负荷相对集中的区域；<br>2. 动力配电箱与照明配电箱宜分别设置，当合并设置为同一配电箱时，动力和照明应分路供电；<br>3. 当分配电箱直接控制用电设备或插座时，每台用电设备或插座应有各自独立的保护电器；<br>4. 固定场所的分配电箱与开关箱的距离不宜超过 30 m；<br>5. 有兼作应急开关的固定式分配电箱中心与地面的垂直距离宜为 1.4~1.6 m；<br>6. 有兼作应急开关的移动式分配电箱应装设在坚固的支架上，其中心点与地面的垂直距离宜为 0.8~1.6 m；<br>7. 无应急开关、地面干燥无杂物的分配电箱底部离地面不应小于 0.2 m；<br>8. 宜设防护棚，并采取隔离措施 |

（续表）

| 配电设施 | 标准化设置 |
|---|---|
| 开关箱 | 1. 开关箱应设在靠近用电设备区域；<br>2. 动力开关箱与照明开关箱应分别设置；<br>3. 用电设备或插座的电源宜引自开关箱，当一个开关箱直接控制多台用电设备或插座时，每台用电设备或插座应有各自独立的保护电器；<br>4. 开关箱与其控制的固定式用电设备的水平距离不宜超过 3 m；<br>5. 有开关兼作应急开关时，固定式开关箱中心与地面的垂直距离宜为 1.4～1.6 m；<br>6. 有开关兼作应急开关的移动式开关箱应装设在坚固的支架上，其中心点与地面的垂直距离宜为 0.8～1.6 m；<br>7. 无应急开关、地面干燥无杂物的开关箱底部离地面不应小于 0.2 m，如预制台座上工业连接插座开关箱；<br>8. 宜设防护棚，并采取隔离措施 |

示意图片（图 6.5－1）：

（a）配电箱防护棚设置　　　　　　　（b）室内配电箱防护棚设置

（c）室内开关箱设置

**图 6.5－1　箱体防护设置示意图**

6.5.2 配电箱（柜）优先采用定型化合格产品，定型电气产品已接地的配电箱标准色为浅灰色。施工现场为特显配电箱的有电危险、防碰撞，颜色宜采用橙黄色或红色，箱体外有3C认证标志和箱体铭牌，箱体内部设有屏护板或防护隔离门，具备防雨、防尘等功能。

示意图片（图6.5-2、图6.5-3）：

（a）带防护隔离门的总配电箱　　　（b）带防护隔离门、工业插座的分配电箱

**图6.5-2　定型化箱体示意图**

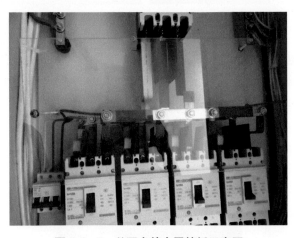

**图6.5-3　总配电箱内屏护板示意图**

6.5.3 配电箱（柜）的电器安装板上应分别设置中性导体和保护导体汇流排，并有标识。中性导体应与金属电器安装板绝缘；保护导体应与金属电器安装板做电气连接，保护导体汇流排上的端子数量不应少于进线和出线回路的数量。导线压接可靠，防松垫圈等零件齐全，不伤线芯，不断股。

示意图片（图 6.5‑4）：

（a）箱体内 N 线排与 PE 线排

（b）箱体内 N 线、PE 线导线压接

**图 6.5‑4　箱体内中性导体和保护导体汇流排示意图**

6.5.4　配电箱（柜）的金属箱体、金属电器安装板应通过 PE 线汇流板与 PE 线做电气连接，并进行可靠接地（PE 线重复接地）；金属箱门与金属箱体宜通过编织软铜线或多股软铜线（如 PE 线，不应绕成螺旋形）做电气连接，不宜使用单股硬线，采用绝缘多股软铜线应经常检查其导通性。

示意图片（图 6.5‑5）：

**图 6.5‑5　箱体编织软铜线电气连接示意图**

6.5.5 配电箱电缆的进出线口应设在箱体的底面，当采用工业插座（或工业连接器）时可在箱体侧面或下方设置。工业连接器配套的插头插座、电缆耦合器、器具耦合器等应符合 GB/T 11918.1 及 GB/T 11918.2 的有关规定。

示意图片（图 6.5-6）：

（a）总配电箱电缆进出口

（b）分配电箱电缆进出口

**图 6.5-6　配电箱电缆进出口示意图**

6.5.6 施工现场宜优先采用带工业开关的配电箱和开关箱。

示意图片（图 6.5-7）：

**图 6.5-7　带工业插座（连接器）的分配电箱、开关箱示意图**

6.5.7　配电箱、开关箱的进、出线口应配置固定线卡，进出线应加绝缘护套并成束卡固在箱体上，不应与箱体直接接触。

示意图片（图 6.5-8）：

**图 6.5-8　出线口的橡胶防护圈和出线固定卡示意图**

6.5.8　配电箱（柜）内连接线应采用铜芯绝缘导线，绝缘层应有明显的标识色以标志相序。任何情况下颜色标记严禁混用和互相代用。

设置示例（表 6.5-2）：

**表 6.5-2　连接线标识色和排列（以人面向配电箱为基准）**

| 相别 | 颜色 | 垂直排列 | 水平排列 | 引下排列 |
| --- | --- | --- | --- | --- |
| $L_1$（A） | 黄 | 上 | 后 | 左 |
| $L_2$（B） | 绿 | 中 | 中 | 中 |
| $L_3$（C） | 红 | 下 | 前 | 右 |
| N | 淡蓝 | — | — | — |
| PE | 黄绿双色 | — | — | — |

示意图片（图6.5-9）：

**图6.5-9 导线标识色示意图**

6.5.9 配电箱、开关箱应有名称、编号、用途、分路标记及系统接线图等，宜放置电工巡检记录表，并配锁，可由专人管理。

示意图片（图6.5-10）：

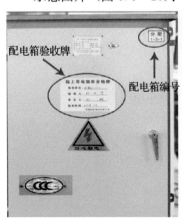

**图6.5-10 配电箱相关标识示意图**

## 6.6 配电箱内电气元件设置要求

6.6.1 配电箱、开关箱内的电器装置应完好，具有"3C认证"，不应使用破损及不合格的电器。电器装置参数应满足设计、使用要求。

### 6.6.2 总配电箱配置

6.6.2.1 电器装置包括：电源隔离开关、断路器或熔断器、剩余电流保护器、电流表、电压表、电度表、电流互感器、中性导体排、保护接零排等。

6.6.2.2 电气元件宜优先选择：400～630 A 具有隔离功能的 DZ20 型透明塑壳断路器、ACB：800/3～2500/3 作为主开关；分路设置 2～8 路采用具有隔离功能的 DZ20 系列 160～630A 透明塑壳断路器，ACB：800/3～1600/3 断路器；配置 DZ20L（DZ15L）或 LBM－1 系列透明漏电断路器，ELCB：800M/4300～1600M/4300 漏电断路器作为剩余电流保护装置，使之具有欠压、过载、短路、漏电、断相保护功能。ACB 断路器和 ELCB 漏电断路器常应用于特大功率设备。

6.6.2.3 剩余电流保护装置额定动作电流的选择，应考虑下列因素：

（1）要充分考虑电气线路和设备的对地泄漏电流值，必要时可通过实际测量取得被保护线路或设备的对地泄漏电流；

（2）因季节和天气变化引起对地泄漏电流值变化时，应考虑采用动作电流可调式 RCD；

（3）当使用在有电力线载波应用等对线路漏电流有影响的场合时，应考虑非工频泄漏电流的影响因素。

6.6.2.4 加热电缆辐射供暖设备、公共厨房用电设备、电辅助加热的太阳能热水器、升降停车设备、人员可触及的室外金属电动门等，防止人身直接接触电击事故的场合，选用电设备的电击防护应设置附加防护，并应符合下列规定：

（1）应采用额定剩余电流动作值不大于 30 mA 的无延时的剩余电流动作保护电器；

（2）应设置辅助等电位联结。

6.6.2.5 电器设备本身的泄漏电流限值见表 6.6－1：

**表 6.6－1 PE 导体泄漏交流分量的限值**

| 设备额定电流 | 交流分量限值 |
|---|---|
| $0 < I \leqslant 2$ A | 1 mA |
| $2 < I \leqslant 20$ A | 0.5 mA |
| $I > 20$ A | 10 mA |

剩余电流保护器整定值选择原则：（总泄漏电流）＝（线路泄漏电流）＋（设备泄漏电流），（剩余电流保护器整定值）≥2×（总泄漏电流）

64 A以下的剩余电流保护装置的额定漏电动作电流与额定漏电动作时间的乘积不大于30 mA·s，优先选用额定漏电动作电流不大于30 mA的剩余电流保护器，一级配电箱主干线首端额定漏电动作时间0.3 s；末级分配电箱出线首端额定漏电动作时间0.2 s；末级开关箱出线首端额定漏电动作时间0.1 s。电梯、塔吊、井下通风照明等重要设备不间断电源应选用非延时动作型剩余电流保护器；纯大功率电机线路为防止启动时剩余电流过大，引起启动困难，可选用动作时间为延时动作型剩余电流保护器。

设置示例（表6.6-2）：

表 6.6-2 总配电箱内装设的电器装置

| 序号 | 电器名称 | 数量 | 备注 |
|---|---|---|---|
| 1 | 电度表 | 1 | |
| 2 | 电流表 | 3 | 应装设指示灯 |
| 3 | 电压表 | 1 | |
| 4 | 总隔离开关 | 1 | 根据总计算电流选择 |
| 5 | 总断路器 | 1 | 可选装 |
| 6 | 总剩余电流保护器 | 1 | 额定漏电动作时间0.2~0.4 s |
| 7 | 总熔断器 | 3 | 可选装 |
| 8 | 电流互感器 | 3 | |
| 9 | 分路隔离开关 | 2~8 | 可选装 |
| 10 | 分路断路器 | 2~8 | 根据需要留出余量 |
| 11 | 分路熔断器 | 2~8 | 可选装 |
| 12 | 分路剩余电流保护器 | 2~8 | |
| 13 | N线接线端子板 | 1 | 有绝缘垫与箱体隔离，端子数≥（2~8）+1 |
| 14 | PE线接线端子板 | 1 | 与箱体电气连接，端子数≥（2~8）+1 |
| 15 | 编织软铜线 | 2 | 金属箱门与金属箱体做电气连接，可用黄/绿双色多股电源线代替 |

说明：

1. 总配电箱的分路电流较大，一只配电箱一般只能设1~2路供电回路，在配电室内采用母线排集成排列总配电箱，为减少电箱编号长度，一般以供电回路编号代替电箱编号，配电室内电箱上也标示回路编号和供电区间名称即可；

2. 总配电箱可在总路设置总剩余电流保护器，当总路设置总剩余电流保护器时，还应装设总隔离开关、分路隔离开关以及总断路器、分断路器，当所设总剩余电流保护器是同时具备短路、过载、剩余电流保护功能的剩余电流保护断路器时，可不设总断路器；

3. 总配电箱也可在分路设置剩余电流保护器，当各分路设置分路剩余电流保护器时，还应装设总隔离开关、分路隔离开关以及分路断路器或分路熔断器；当分路所设剩余电流保护器是同时具备短路、过载、剩余电流保护功能的剩余电流保护断路器时，可不设分路断路器或分路熔断器；

4. 总配电箱如采用具有可见分断点的断路器，可不另设隔离开关，如总剩余电流保护器同时具备过负荷和短路保护功能，可不设自动开关；

5. 剩余电流保护器应选用无辅助电源型（电磁式）产品。

示意图片（图 6.6-1）：

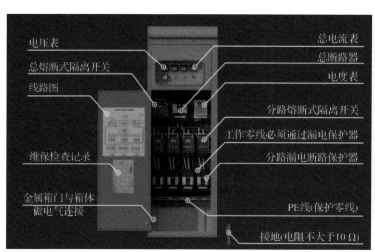 

总配电箱电器装置配置 　　　　注：总配电箱宜于箱门上配置电流电压表等

**图 6.6-1　总配电箱电器装置配置示意图**

### 6.6.3　分配电箱电器装置设置

6.6.3.1　电器装置包括总隔离开关、分路隔离断路器、分路剩余电流保护器、中性导体排、保护接零排等。

6.6.3.2　含照明回路分配电箱（动力回路与照明回路分路配电）电器装置宜优先选择：200～250A 具有隔离功能的 DZ20 系列透明塑壳断路器作为主开

关（与总配电箱分路设置断路器相适应）；采用 DZ20 或 KDM-1 型透明塑壳断路器作为动力分路、照明分路控制开关；各配电回路采用 DZ20 或 KDM-1 透明塑壳断路器作为控制开关；可配置 DZ20L（DZ15L）系列透明漏电断路器。400 A～630A 开关为特大功率设备选配。

设置示例（表 6.6-3）：

**表 6.6-3　分配电箱内装设的电器装置**

| 序号 | 电器名称 | 数量(只) | 备注 |
|---|---|---|---|
| 1 | 总隔离开关 | 1 | 根据总计算电流选择 |
| 2 | 分路隔离开关 | 2～n | 根据总计算电流选择 |
| 3 | 总断路器 | 1 | |
| 4 | 分路断路器 | 2～n | |
| 5 | 总熔断器 | 1 | 可选装 |
| 6 | 分路熔断器 | 2～n | 可选装 |
| 7 | 剩余电流保护器 | 2～n | 末级分配电箱出线设二级剩余电流保护 |
| 8 | N线接线端子板 | 1 | 有绝缘垫与箱体隔离，端子数≥（2～n）+1 |
| 9 | PE线接线端子板 | 1 | 与箱体电气连接，端子数≥（2～n）+1 |
| 10 | 编织软铜线 | 2 | 金属箱门与金属箱体做电气连接，可用黄/绿双色多股电源线代替 |

说明：

1. 分配电箱的电器应具备电源隔离，正常接通与分断电路，以及短路、过载功能；

2. 断路器选用兼有过流保护功能的电器时，熔断器、断路器等过流保护电器可不再单独重复设置；

3. 分配电箱断路器如采用分断时可见分断点的透明的塑料外壳式断路器，可以兼作隔离开关；

4. 分配电箱中的接线排或插座不能够直接接插用电设备；

5. 按三级剩余电流保护原则，末级分配电箱需设有剩余电流保护器，如分电箱含有剩余电流保护器，灰色底色的"2～n"字符表示可以选择性设剩余电流保护器；

6. "2～n"中 n 表示用电设备大于 2 台时实际数量，设置分路隔离开关、分路断路器，只应显示 2 或 n。

示意图片（图 6.6 - 2）：

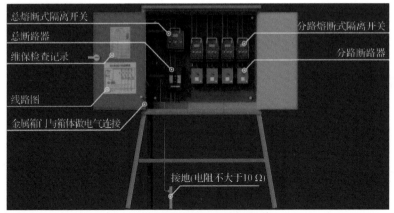

（a）分配电箱电器装置配置

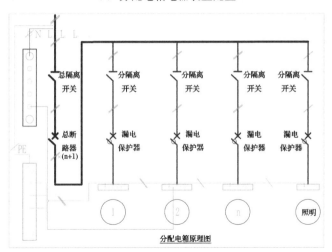

（b）分配电箱系统图

（c）电器装置优先配置

**图 6.6 - 2　分配电箱电器装置配置示意图**

**6.6.4   开关箱电器装置设置**

6.6.4.1   电器装置包括：隔离开关、分路断路器或熔断器、剩余电流保护器。

6.6.4.2   大功率设备（如起重机械）动力开关箱电器装置宜优先选择：KDM1 或 DZ20（380 V 160 A 以上）系列透明塑壳断路器作为控制开关；配置 DZ20L 系列透明漏电断路器或 LBM1 系列漏电断路器。250～630 A 开关为较大功率设备选配。

6.6.4.3   5.5 kW 以上中型用电设备开关箱电器装置宜优先选择：DZ20（SE 或 KDM1）系列透明塑壳断路器作为控制开关；配置 DZ15L 系列透明漏电断路器。应根据所控制设备额定容量选择控制开关及漏电断路器。

6.6.4.4   3.0 kW 以下小型用电设备开关箱电器装置宜优先选择：DZ20（20～40 A）、SE 或 KDM1 系列透明塑壳断路器作为控制开关；配置 DZ15LE（20～40 A）或 LBM1 系列透明漏电断路器。

6.6.4.5   照明开关箱电器装置宜优先选择：KDM1 - T/2（20～40 A）断路器；配置 DZ15L - 20 - 40/290 透明漏电断路器。

设置示例（表 6.6 - 4）：

**表 6.6 - 4   开关箱箱内装设的电器装置**

| 序号 | 电器名称 | 数量 | 备注 |
|---|---|---|---|
| 1 | 隔离开关 | 1 | 熔断式 |
| 2 | 断路器 | 1 | 可选装 |
| 3 | 熔断器 | 3 | 可选装 |
| 4 | 剩余电流保护器 | 1 | 在保证设备正常运行的前提下，应尽量选择漏电动作电流较小的剩余电流保护器；根据总计算电流选择；64 A 以下开关额定漏电动作电流不应大于 30 mA（使用于潮湿或有腐蚀介质场所的不应大于 15 mA）；额定漏电动作时间不应大于 0.1 s |
| 5 | N 线接线端子板 | 1 | 有绝缘垫与箱体隔离，端子数≥2 |
| 6 | PE 线接线端子板 | 1 | 与箱体电气连接，端子数≥2 |
| 7 | 编织软铜线 | 2 | 金属箱门与金属箱体做电气连接，可用黄/绿双色多股电源线代替 |

说明：

1. 开关箱上必须显目标识与设备名称和编号相一致的信息，当剩余电流保护器是同时具有短路、过载、剩余电流保护功能的剩余电流保护断路器时，可不装设断路器或熔断器，但应装设隔离开关；

2. 当断路器是具有可见分断点时，可不另设隔离开关；

3. 隔离开关应当装设在剩余电流保护器的进线处（前面）；

4. 开关箱中的隔离开关只可直接控制照明电路和容量不大于 3.0 kW 的动力电路，但不应频繁操作，容量大于 3.0 kW 的动力电路应采用断路器控制，操作频繁时还应附设接触器或其他启动控制装置；

5. 交流电焊机应使用带二次降压保护功能的专用开关箱；

6. 64 A 以下的剩余电流保护器的额定漏电动作电流不大于 30 mA，额定漏电动作时间不大于 0.1 s，如开关箱或电动机械设备工作于潮湿或有腐蚀介质场所，其剩余电流保护器应采用防溅型产品，其额定漏电动作电流不应大于 15 mA，额定漏电动作时间不应大于 0.1 s；

7. 开关箱中剩余电流保护器的极数和线数应与其负荷侧负荷的相数和线数一致，剩余电流保护器不应用于启动电气设备的操作，剩余电流保护断路器除外；

8. 三相（380 V）开关箱应使用五芯接线端子排，单相（220 V）开关箱应使用三芯接线端子排。

示意图片（图 6.6-3）：

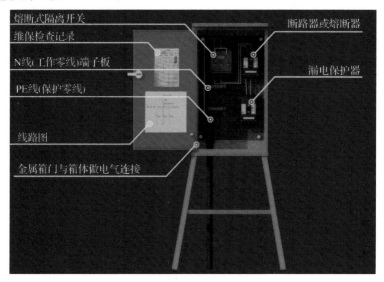

（a）开关箱电器装置配置

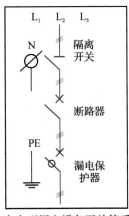

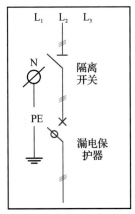

（b）大中型用电设备开关箱系统图　　（c）小型用电设备开关箱系统图

（d）动力开关箱电器装置配置示例　　（e）照明开关箱电器装置配置示例

**图 6.6-3　开关箱电器装置设置示意图**

6.6.5　配电箱（柜）内的电器（含插座）应按其规定位置紧固在金属或非木质阻燃绝缘电器安装板上，不应歪斜和松动。内断路器相间绝缘隔板应配置齐全；防电击护板应阻燃且安装牢固，不应缺失，不应影响观察开关分合状态。

示意图片（图 6.6-4、图 6.6-5）：

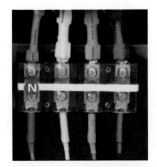

**图 6.6-4　断路器相间绝缘隔板**　　**图 6.6-5　防电击护板示意图**

125

## 6.7 分级剩余电流保护

6.7.1 当选用具有隔离功能、过载保护、短路保护、剩余电流保护等功能于一体的剩余电流保护断路器时，箱体内可不再设隔离开关、熔断器或断路器和剩余电流保护器。

6.7.2 剩余电流保护器应用专用仪器检测其性能，且每月不少于一次，发现问题立即修理或更换；配电箱每天使用前，应启动剩余电流保护器的试验按钮试跳一次，试跳不正常时不应使用。

6.7.3 当采用分级及以上多级剩余电流保护时，每两级之间应有保护性配合，并应符合下列规定：

（1）64 A 以下的开关箱中的剩余电流保护器的额定动作电流不应大于 30 mA，分断时间不应大于 0.1 s；

（2）分配电箱中的剩余电流保护器，其分断时间不应大于 0.2～0.3 s，全负荷工作时额定动作电流不应小于开关箱动作参数的 3 倍；

（3）总配电箱中装设的剩余电流保护器，其分断时间不应大于 0.3～0.4 s，全负荷工作时额定动作电流不应小于分配电箱中动作参数的 3 倍。

（4）多级剩余电流保护通过分断时间、动作电流大小分级实现级间配合。现场有不可突然停止设备、专用应急电源时，宜采用放射式布电和自动双电源供电，确保分断时间、动作电流级差，避免误动作。

设置示例：

当采用三级配电时，开关箱中的漏电保护器的额定动作电流为 30 mA，分断时间为 0.1 s；分配电箱中的漏电保护器额定动作电流为 100 mA，分断时间为 0.2 s；总配电箱中的漏电保护器额定动作电流为 300 mA，分断时间为 0.3 s。

## 6.8 剩余电流保护器的安装与拆除

6.8.1 剩余电流保护器安装后应进行检查，动作剩余电流、动作时间测试和三次试跳，检查 PE 导体有没有进入回路，接地装置的接地电阻，结构的防腐、防松动是否有效，不正常不得投入使用；进行设备启动和运行，不出现启动或运行时剩余电流保护器误动作，可与操作手进行电气交接。

6.8.2 可调剩余电流保护器安装后应进行各级的测试和试跳，并调节至当前适用位置，与值班电工交接。

6.8.3　剩余电流保护器的更换、拆除，应在总电源按正常维修切断后进行；更换、拆除下来的不合格品应粘贴显目报废标志，优良品粘贴显目合格标志入库；新更换的剩余电流保护器应按安装检查、测试和试跳流程并进行工作交接班及交接工作。

# 7 典型用电设备及桥涵工程临时用电设置

## 7.1 设备电气和操作控制系统调试

7.1.1 机械设备的内部接线和外部接线，应正确无误；保护接地应有明显标志，并不得在柜内与电源中性线直接相接。

7.1.2 电器设备的绝缘电阻应符合随机技术文件的规定；测量时所选用的兆欧表的电压，应符合被测绝缘电阻的要求，并应有断开有关电路及元件等措施。

7.1.3 输入电源的电压及频率，设备的变压器、变频器和整流器等输入与输出的交流和直流电压，应符合随机技术文件的规定。

7.1.4 电气系统的过电压、过电流、欠电压保护和保护熔断器的规格、容量等，应符合设计规定，并应将其调整和整定至规定的保护范围之内。

7.1.5 主轴驱动单元电动机的旋转方向、制动功能，应与操纵控制方向和制动要求相符合。

7.1.6 操作控制系统单独模拟试验，应符合下列要求：

（1）每一操作控制单元或控制回路，其动作程序及技术要求，应符合机械设备生产工艺的规定，且应正确、灵敏和可靠；

（2）与机械设备生产工艺相关的讯号、显示、联锁、启动、运行、停止、制动等，应正确、灵敏和可靠；

（3）手动操纵每一动作应连续重复操纵5～7次，其动作应正确无误；

（4）半自动操纵应连续进行3个循环，其动作应正确无误；

（5）全自动操纵应连续进行不少于2个循环，其动作应正确无误。

7.1.7 机械设备的数控系统的试验，应符合下列要求：

（1）使用的数控指令或数控带，应符合随机技术文件的规定；

（2）按随机技术文件要求输入数控指令，其输入、输出、讯号、显示、联锁、启动、运行、速度、停止和制动等，均应正确、灵敏和可靠；

（3）按随机技术文件规定试验其供电故障、功能故障、短路和过载保护等，应符合规定的技术要求。

## 7.2 非电气作业人员用电安全操作规程

7.2.1 非电气作业人员严禁从事电气施工和维修，不得私自乱拉、乱接电源线路。电气设备或电线在没有证明是无电时，必须以有电对待，禁止触摸。

7.2.2 岗位人员要了解区域电源控制的布设情况，便于应急断电；随时检查电气设备的运行情况，发现漏电、打火等现象，必须与电工联系处理；发现严重故障时，立即实施切断电源等措施，迅速联系电工处理。

7.2.3 打扫卫生时，严禁把水溅到电机、开关等电器设备上。擦拭电气外壳和电气控制箱时，要在停车、停电时进行，禁止用水或导电介质冲洗、擦拭。

7.2.4 不得随意打开控制箱、柜的门，打开时先用手背触碰箱门，防止带电。禁止在手把、顶盖或箱内挂放杂物，禁止在电机上、设备上挂晾衣服、鞋帽等。

7.2.5 设备控制开关（或按钮）开启或停止时，必须确定开关的具体位置，稳定情绪，然后再稳定地操作。禁止不熟悉设备操作规程、操控方式的人员从事操作，禁止合闸者正面面对可产生电弧的部分。

7.2.6 严禁拆卸、私拿各种电气设备上的零部件；严禁堵塞控制箱、柜的门前通道。

7.2.7 非相关人员不得任意进入控制室、配电室。

7.2.8 封闭设备内部检修时，必须使用电压为 36 V 以下的照明灯。

7.2.9 新安装、维修过的电器，必须由电工参与试机并进行用电操作交底。

7.2.10 本规程适用于所有非电气作业人员，此外，具体岗位还必须执行该工种或岗位的安全操作规程。

## 7.3 用电机具设备

### 7.3.1 常见用电机具设备

施工现场常见供电用电机具设备包括：起重机械、桩工机械、焊接机械、混凝土机械、型材切割机械、钢筋加工机械、杠机械、泵类机械以及其他电动机械等。

7.3.1.1　用电设备安装在室外或潮湿场所时，其接线口或接线盒应采取防水防潮措施。

7.3.1.2　电动机接线应符合下列规定：

（1）电动机接线盒内各线缆之间均应有电气间隙，并采取绝缘防护措施；

（2）电动机电源线与接线端子紧固时不应损伤电动机引出线套管。

7.3.1.3　灯具的安装应符合下列规定：

（1）灯具的固定应牢固可靠，在砌体和混凝土结构上严禁使用木楔、尼龙塞和塑料塞固定；

（2）Ⅰ类灯具的外露可导电部分必须与保护接地导体可靠连接，连接处应设置接地标识；

（3）接线盒引至嵌入式灯具或槽灯的电线应采用金属柔性导管保护，不得裸露；柔性导管与灯具壳体应采用专用接头连接；

（4）从接线盒引至灯具的电线截面面积应与灯具要求相匹配且不应小于 $1 \ mm^2$；

（5）埋地灯具、水下灯具及室外灯具的接线盒，其防护等级应与灯具的防护等级相同，且盒内导线接头应做防水绝缘处理；

（6）安装在人员密集场所的灯具玻璃罩，应有防止其向下溅落的措施；

（7）在人行道等人员来往密集场所安装的落地式景观照明灯，当采用表面温度大于 60 ℃ 的灯具且无围栏防护时，灯具距地面高度应大于 2.5 m，灯具的金属构架及金属保护管应分别与保护导体采用焊接或螺栓连接，连接处应设置接地标识；

（8）灯具表面及其附件的高温部位靠近可燃物时，应采取隔热、散热防火保护措施。

7.3.1.4　标志灯安装在疏散走道或通道的地面上时，应符合下列规定：

（1）标志灯管线的连接处应密封；

（2）标志灯表面应与地面平顺，且不应高于地面 3 mm。

7.3.1.5　电源插座及开关安装应符合下列规定：

（1）电源插座接线应正确；

（2）同一场所的三相电源插座，其接线的相序应一致；

（3）保护接地导体（PE）在电源插座之间不应串联连接；

（4）相线与中性导体（N）不得利用电源插座本体的接线端子转接供电；

（5）暗装的电源插座面板或开关面板应紧贴墙面或装饰面，导线不得裸露在装饰层内。

7.3.2　通用要求

7.3.2.1　选购的电动机械、手持式电动工具及其用电安全装置符合相应的国家现行有关强制性标准的规定，且具有产品合格证和使用说明书。

7.3.2.2　电动机械设备所用电缆的芯线数应根据负荷及其控制电器的相数和线数确定：三相四线时，应选用五芯电缆；三相三线时，应选用四芯电缆；当三相用电设备中配置有单相用电器具时，应选用五芯电缆；单相二线时，应选用三芯电缆。

7.3.2.3　电动机机械的负荷线应按其计算负荷选用无接头的橡皮护套铜芯软电缆。

7.3.2.4　所有用电设备要求绝缘性能良好，运行平稳、无异常震动、无高温、无异味。

7.3.2.5　具有正、反向运转形式的电动机械应采用接触器、继电器等自动控制装置控制设备运行。

7.3.2.6　现场所有用电设备、操控电器应完好，无损伤。进行设备清理、检查、维修时，应首先将其开关箱拉闸断电，关门上锁，挂"检查维修，严禁合闸"操作牌。其他有影响维修的用电设备也应拉闸断电，关门上锁。必要时专人看管、设置联锁装置、挂设临时接地线，电容较大的进行放电处理。

7.3.2.7　管道、容器内进行焊接作业时，应采取可靠的绝缘或接地措施，并应保障通风。

7.3.3　起重机械

7.3.3.1　塔式起重机应按本规范防雷要求做重复接地和防雷接地，其接地电阻的电阻值应不大于 4 Ω。

7.3.3.2　轨道式塔式起重机、门式起重机等接地装置的设置应符合下列要求：

（1）轨道两端各设一组接地装置；

（2）轨道的接头处作电气连接，两条轨道端部做环形电气连接；

（3）较长轨道每隔不大于 30 m 加一组接地装置；

（4）轨道式塔式起重机的电缆不应拖地行走；

（5）塔身高于 30 m 的塔式起重机，应在塔顶和臂架端部设红色航空信号灯，并采用二级电源供电；

（6）外用电梯梯笼内、外均应安装紧急停止开关，外用电梯和物料提升机的上、下极限位置应设置限位开关；

（7）在强电磁波源附近工作的塔式起重机，操作人员应戴绝缘手套和穿绝缘鞋，并应在吊钩与机体间采取绝缘隔离措施，或在吊钩吊装地面物体时，在吊钩上挂接临时接地装置；

（8）塔式起重机、外用电梯、滑升模板的金属操作平台及需要设置避雷装置的物料提升机，除应连接 PE 线外，还应做重复接地，设备的金属结构构件之间应保证电气连接；

（9）在高压电、强电磁波源附近作业时，起重设备应用绝缘吊带吊挂物体。

### 7.3.4　桩工机械

7.3.4.1　潜水式钻孔机电机的防护等级应达到 IP68 级。

7.3.4.2　潜水电机的负荷线应采用防水橡皮护套铜芯软电缆，长度不应小于 1.5 m，且不应承受外力。

7.3.4.3　桩工机械潜水电机的负荷线应采用防水橡皮护套铜芯软电缆，长度不应小于 1.5 m，且不应承受外力；开关箱中的剩余电流保护器应符合潮湿场所选用剩余电流保护器的要求，10 kW 以下的电机额定漏电动作电流不应大于 15 mA，额定漏电动作时间不应大于 0.1 s。

### 7.3.5　焊接机械

7.3.5.1　焊接作业前应先确认焊接现场防火措施符合要求，焊接现场不应有易燃、易爆物品，并配备相应的消防器材和防护用品。

7.3.5.2　电焊机一、二次接线柱处应有防护罩；一次侧负荷线长度不大于 5 m，二次侧焊把线长度不应大于 30 m，应采用防水橡皮护套铜芯软电缆；不应采用金属构件或结构钢筋代替二次侧的地线。

7.3.5.3　电焊机宜设置专用固定或移动式开关箱，交流电焊机械或钢结构有限空间、易潮湿环境的焊接机械应配装防二次侧触电保护器，防止电焊机二次侧空载构成的触电伤害；选用 JZ 型弧焊机触电保护器时，可兼做一、二次侧的触电保护。两台及以上两相或单相焊机同时作业时应尽量做到三相负载平衡。

7.3.5.4 电焊机设备外壳应压接 PE 线。

7.3.5.5 电焊机应放置在防雨、干燥和通风良好的地方，不应处于曝晒环境；严禁露天冒雨从事电焊作业。

7.3.6 混凝土磨光机械

7.3.6.1 混凝土磨光机械宜使用移动式开关箱，其剩余电流保护器应符合潮湿场所选用的要求，设备外壳 PE 线压接点不少于 2 处。

7.3.6.2 三相电机时负荷线宜采用耐候耐拖型，线径比原有电源线粗一号，不小于 $\phi 2.5$ mm 的四芯橡皮护套铜芯软电缆，电缆长度不应大于 50 m，并不应有接头。

7.3.6.3 作业人员应按规定穿戴绝缘用品，电缆严禁缠绕、扭结、张紧和被机械直接跨越，机械的操作扶手应绝缘。

7.3.7 混凝土振动器

7.3.7.1 混凝土浇筑作业前应将振动器交现场电工对其电机、导线进行绝缘检查，合格后方可使用。

7.3.7.2 振动器宜采用专用移动式开关箱，剩余电流保护器应符合潮湿场所选用剩余电流保护器的要求，额定漏电动作电流不应大于 15 mA，额定漏电动作时间不应大于 0.1 s；电缆线应采用耐候耐拖橡皮护套铜芯软电缆，并不应有接头；电缆线长度不应超过 30 m，严禁缠绕、扭结、挤压和承受外力。

7.3.7.3 振动器进场可由现场电工将其电机试机电缆拆除，使用整根线径比原有电源线粗一号，不小于 2.5 mm² 四芯橡皮护套铜芯软电缆压接到控制开关内，并将 PE 线压在接地端子上。

7.3.8 型材切割机械

7.3.8.1 宜采用专用移动式开关箱，或使用带剩余电流保护器的插座、工业插座；负荷线应采用耐气候橡皮护套铜芯软电缆，并不应有接头；负荷线长度不大于 5 m，布线注意避开割渣喷溅范围和锯片旋转 15 cm 范围。

7.3.8.2 电机 PE 线应压在接地端子上。

7.3.8.3 切割机应使用手柄开关，操作手柄松开后，切割机能自动停止；当操作手柄开关不能满足电机要求时，应加装接触器或其他启动控制装置。严禁改用按钮开关和断路器控制。

### 7.3.9 钢筋加工机械

7.3.9.1 钢筋机械进场后可由现场电工将机具长度不够的试机电缆拆除，三相电机应使用整根四芯橡皮护套铜芯软电缆压接到开关箱内，线径不低于说明书或原配电源线线径。

7.3.9.2 调直切断机 PE 线应在操控箱内连接后再连接到主机金属外壳、金属基座上。

7.3.9.3 钢筋加工机械金属外壳、金属基座应与 PE 线做电气连接（施工现场可根据情况在同一接线点将 PE 线进行重复接地）。

### 7.3.10 其他电动机械

7.3.10.1 其他电动机械的负荷线应采用耐气候型橡皮护套铜芯软电缆，并不应有任何破损和接头。

7.3.10.2 水泵的负荷线应采用防水橡皮护套铜芯软电缆，严禁有任何破损和接头，并不应承受任何外力。水泵在水中外壳是接地的，提出水面检修时就不接地了，因此，其金属外壳必须与 PE 线做电气连接。

7.3.10.3 机械金属外壳应与 PE 线做电气连接，并可在同一接线点将 PE 线重复接地。

### 7.3.11 手持电动工具

7.3.11.1 手持式电动工具按绝缘和使用环境分为三类：Ⅰ类工具、Ⅱ类工具、Ⅲ类工具。

（1）Ⅰ类电动工具（普通型电动工具）工作电压 220 V，外壳一般是金属的；

（2）Ⅰ类电动工具是在防止触电的保护除依靠基本绝缘外，还有接零或接地和剩余电流保护器作为这类设备的附加安全措施；

（3）Ⅱ类电动工具（绝缘结构全部为双重绝缘的电动工具），其额定电压超过 50 V，外壳一般是绝缘的；

（4）Ⅱ类电动工具设备没有保护接地或依赖安装条件的措施，是本身双重绝缘和加强绝缘作为安全防护措施；

（5）Ⅲ类电动工具（安全电压的电动工具），其额定电压不超过 50 V，外壳均为全塑料。

示意图片（图 7.3 - 1）：

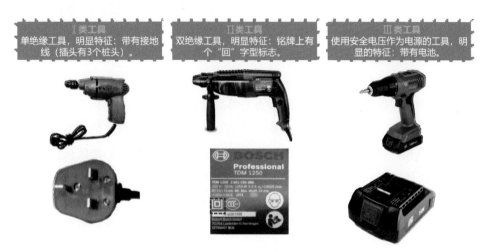

**图 7.3 - 1 手持电动工具示意图**

7.3.11.2 一般场所选用Ⅰ类或Ⅱ类手持式电动工具，其金属外壳与 PE 线的连接点不应少于 2 处；相关开关箱中剩余电流保护器的额定漏电动作电流不应大于 15 mA，额定漏电动作时间不应大于 0.1 s，除塑料外壳Ⅱ类电动工具外，其负荷线插头应具备专用的保护接地触头，负荷线长度不应超过 2 m。可采用插座和插头在结构上保持一致的绕线盘，避免导电触头和保护触头混用，不得改装电源线。

7.3.11.3 在潮湿、泥泞、导电良好的地面或金属构架上，或狭窄的导电场所应选用Ⅱ类或由安全隔离变压器供电的Ⅲ类手持式电动工具。其安全隔离变压器、开关箱和控制箱应设置在作业场所外面。安全隔离变压器严禁带入金属容器或金属管道内使用。严禁使用Ⅰ类手持式电动工具。

7.3.11.4 手持式电动工具中的塑料外壳Ⅱ类工具和一般场所手持式电动工具中的Ⅲ类工具可不连接保护导体。Ⅰ类电动工具金属外壳与保护导体应可靠连接。

7.3.11.5 手持式电动工具的负荷线应采用耐气候型的橡皮护套铜芯软电缆，并不应有接头。手持式电动工具检查不合格的应粘贴明显的不合格标志，另行封锁存放，禁止使用。

7.3.11.6 手持式电动工具在发出或收回时，保管人员应进行一次日常检查；在使用前，使用者应进行日常检查。至少检查以下项目：①是否有产品认证标志及定期检查合格标志；②外壳、手柄是否有裂缝或破损；③保护接地线（PE）连接是否完好无损；④电源线是否完好无损；⑤电源插头是否完整无损；⑥电源开关有无缺损、破裂，其动作是否正常、灵活；⑦机械防护装置是否完好；⑧工具转动部分是否转动灵活、轻快，有无阻滞现象；⑨电气保护装置是否良好。使用前应做绝缘检查和空载检查合格后方可使用。

7.3.11.7　手持式电动工具定期检查的要求：①工具使用单位应有专职人员进行定期检查，每年至少检查一次；②在湿热和常有温度变化的地区或使用条件恶劣的地方还应相应缩短检查周期；③在梅雨季节前应及时进行检查；④工具的定期检查还应使用 500 V 兆欧表测量工具的绝缘电阻。

7.3.11.8　使用手持式电动工具时，应按规定穿、戴绝缘防护用品。

7.3.12　照明灯具

7.3.12.1　照明器的选择应适应不同的施工环境，质量应符合国家现行有关标准规定，不应使用绝缘老化或破损的器具和器材，首选节能环保型产品。

（1）普通施工环境可选择开启式照明器具；

（2）潮湿或特别潮湿场所，选用密闭型防水照明器具；

（3）大量尘埃但无爆炸和火灾危险的场所，选用防尘型照明器具；

（4）有爆炸和火灾危险的场所，应按防爆等级选用防爆型照明器具；

（5）有较强振动的场所，选用防振型照明器具；

（6）有酸碱等强腐蚀介质场所，选用耐酸碱型照明器具。

7.3.12.2　一般场所宜选用额定电压为 220 V 的照明器具，要求如下：

（1）照明开关箱内应设置隔离开关、短路与过载保护器和剩余电流保护器。

（2）照明系统宜使三相负荷平衡，其中每一单相回路上，灯具和插座数量不宜超过 25 个，负荷电流不宜超过 15 A。

7.3.12.3　特殊环境应使用安全电压照明器具，特别恶劣潮湿环境作业应使用安全特低电压（SELV）供电、使用安全特低压器具，要求如下：

（1）有导电灰尘、比较潮湿或灯具离地面高度低于 2.5 m 等场所的照明，电源电压不应大于 36 V，潮湿和易触及带电体场所的照明，电源电压不应大于 24 V，特别潮湿场所、导电良好的地面、锅炉或金属容器内的照明，电源电压不应大于 12 V；

（2）使用行灯应符合下列要求：电源电压不大于 36 V，灯体与手柄应坚固、绝缘良好，灯头无开关并且灯泡外部有金属保护网，金属网、反光罩、悬吊挂钩固定在灯具的绝缘部位上；

（3）照明变压器应使用双绕组型安全隔离变压器，严禁使用自耦变压器。

7.3.12.4　照明设施安装规定：

（1）照明灯具的金属外壳应与 PE 线相连接；

（2）室外 220 V 灯具距地面不应低于 3 m，室内 220 V 灯具距地面不应低于 2.5 m；

（3）普通灯具与易燃物距离不宜小于 300 mm；聚光灯等高热灯具与易燃物距离不宜小于 500 mm，达不到规定安全距离时，应采取隔热措施；

（4）钠、铊、铟等金属卤化灯具的安装高度宜在 3 m 以上，灯线应固定在接线柱上，不应靠近灯具表面；

（5）路灯的每个灯具应单独装设熔断器保护，灯头线应做防水弯；

（6）投光灯的底座应安装牢固，应按需要的光轴方向将枢轴拧紧固定；

（7）灯具的相线应经开关控制，不应将相线直接引入灯具；

（8）对夜间影响飞机、船舶或车辆通行的在建工程及机械设备，应设置醒目的红色信号灯；

（9）食堂内开关箱中剩余电流保护器应符合规范潮湿场所要求。用电器具开关、插座应具有防水防潮装置，照明灯具应使用防潮灯具。食堂所有用电器具金属外壳应用 PE 线独立连接至重复接地桩接线端子上，接地电阻值不大于 4 Ω。

## 7.4　桩基施工

7.4.1　桩基施工现场使用的主要设备有：正循环钻机、反循环钻机、冲击钻机、泥浆泵、清水泵、电焊机、泥沙分离器、压滤机等。

7.4.2　桩基施工现场分配电箱至开关箱（控制柜）之间的电缆应采用防水橡皮护套铜芯软电缆，采用塑料支架等架空的方式进行敷设，距离不宜超过 50 m。

7.4.3　固定式分配电箱宜设置在便道外侧或对侧，移动式分配电箱宜设置在墩台附近，远离积水区并高于原地面，并需设置防护棚（上锁）、标识牌、警示牌，配备灭火器，操作区可设置绝缘垫或防雨架。

设置示例（表 7.4-1）：

表 7.4-1 桩基施工现场典型设备型号及用电选型参数

| 序号 | 设备名称 | | 典型型号 | 总功率 /kW | 电源性质 | 设备电源线径 /mm | 剩余电流保护断路器选型 | 备注 |
|---|---|---|---|---|---|---|---|---|
| 1 | 电焊机 | 交流弧焊机 | BX3-300 | 22.5 | 两相 AC380V 50Hz | 38 | DZ20L-160; $I_n$ 30mA; $t \leqslant 0.1$ s | 注意三相平衡 |
| 2 | | 直流电焊机 | BX3-500 | 37.5 | 两相 AC380V 50Hz | 60 | DZ20L-160; $I_n$ 30mA; $t \leqslant 0.1$ s | 注意三相平衡 |
| 3 | | 氩弧焊机 | ZX7-270 | 6 | 两相 AC380V 50Hz | 4 | DZ15LE-100; $I_n$ 15mA; $t \leqslant 0.1$ s | 注意三相平衡 |
| 4 | | 二氧化碳保护焊机 | TIG200SW221II | 5.4 | 两相 AC380V 50Hz | 4 | DZ15LE-100; $I_n$ 15mA; $t \leqslant 0.1$ s | 注意三相平衡 |
| 5 | | 埋弧焊机 | NBC-200 | 7.5 | 两相 AC380V 50Hz | 4 | DZ15LE-100; $I_n$ 15mA; $t \leqslant 0.1$ s | 注意三相平衡 |
| 6 | | | MZ-630 | 35.8 | 三相 380V 50Hz | 20 | DZ15LE-100; $I_n$ 30mA; $t \leqslant 0.1$ s | 三相平衡 |
| 7 | 正循环钻机 | | HW-1000GL | 154 | 三相 380V 50Hz | 95 | RDL20-400; $I_n$ 150mA; $t \leqslant 0.2$ s | 三相平衡 |
| 8 | 反循环钻机 | | 七寸 | 95 | 三相 380V 50Hz | 70 | RDL20-250; $I_n$ 100mA; $t \leqslant 0.1$ s | 三相平衡 |
| 9 | 泥浆泵 | | NL100-16 | 15 | 三相 380V 50Hz | 10 | DZ15LE-100; $I_n$ 30mA; $t \leqslant 0.1$ s | 三相平衡 |
| 10 | 水泵 | | 80-160 | 7.5 | 三相 380V 50Hz | 4 | DZ15LE-100; $I_n$ 15mA; $t \leqslant 0.1$ s | 三相平衡 |
| 11 | 钻孔桩机 | | HWL300 | 75 | 三相 380V 50Hz | 35 | RDL20-250; $I_n$ 100mA; $t \leqslant 0.1$ s | 三相平衡 |
| 12 | 振动锤 | | DZ-90 | 90 | 三相 380V 50Hz | 50 | RDL20-250; $I_n$ 100mA; $t \leqslant 0.1$ s | 三相平衡 |

7.4.4　桩基在操作台应有方便操控的控制柜，控制柜动力电和照明电应分路设置。泥浆泵、清水泵可在设备附近串联开关箱，便于操控。

示意图片（图7.4-1）：

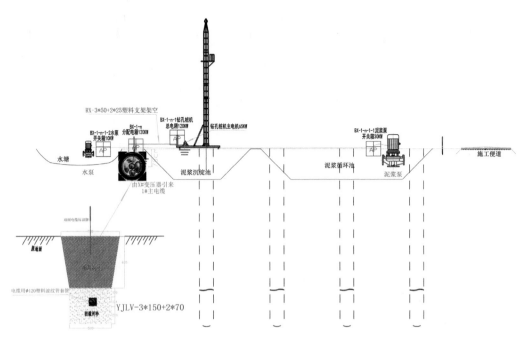

**图7.4-1　桩基施工临时用电示意图**

## 7.5　承台、小构施工

7.5.1　承台、小构（如涵洞）施工现场使用的主要设备有：电焊机、振动泵、水泵、空压机等。

7.5.2　承台、小构施工现场分配电箱至开关箱（控制柜）之间的电缆应采用防水橡皮护套铜芯软电缆，采用架空方式进行敷设，距离不宜超过30m。

7.5.3　分配电箱、移动式开关箱宜设置在坑槽外侧，其中配电箱可挂设在临边护栏上或使用专用支架设置在基坑内，电焊机应设置专用开关箱，其他用电设备应做到"一机、一闸、一漏"。

设置示例（表7.5-1）：

表 7.5-1 承台、小构施工现场典型设备型号及用电选型参数

| 序号 | 设备名称 | | 典型型号 | 总功率/kW | 电源性质 | 设备电源线径/mm | 剩余电流保护断路器选型 | 备注 |
|---|---|---|---|---|---|---|---|---|
| 1 | 电焊机 | 交流弧焊机 | BX3-300 | 22.5 | 两相 AC380V 50Hz | 38 | DZ20L-160;$I_n$30mA;$t$≤0.1 s | 注意三相平衡 |
| 2 | | 交流弧焊机 | BX3-500 | 37.5 | 两相 AC380V 50Hz | 60 | DZ20L-160;$I_n$30mA;$t$≤0.1 s | 注意三相平衡 |
| 3 | | 直流电焊机 | ZX7-270 | 6 | 两相 AC380V 50Hz | 4 | DZ15LE-100;$I_n$15mA;$t$≤0.1 s | 注意三相平衡 |
| 4 | | 氩弧焊机 | TIG200SW221II | 5.4 | 两相 AC380V 50Hz | 4 | DZ15LE-100;$I_n$15mA;$t$≤0.1 s | 注意三相平衡 |
| 5 | | 二氧化碳保护焊机 | NBC-200 | 7.5 | 两相 AC380V 50Hz | 4 | DZ15LE-100;$I_n$15mA;$t$≤0.1 s | 注意三相平衡 |
| 6 | 埋弧焊机 | | MZ-630 | 35.8 | 三相 380V 50Hz | 20 | DZ15LE-100;$I_n$30mA;$t$≤0.1 s | 三相平衡 |
| 7 | 振动锤 | | DZ-90 | 90 | 三相 380V 50Hz | 50 | RDL20-250;$I_n$100mA;$t$≤0.1 s | 电压平衡 |
| 8 | 振动泵 | | ZDE-50 | 1.1 | 两相 AC380V 50Hz | 4 | DZ15LE-100;$I_n$15mA;$t$≤0.1 s | 多台时注意三相平衡 |
| 9 | 清水泵 | | 80-160 | 7.5 | 三相 380V 50Hz | 4 | DZ15LE-100;$I_n$15mA;$t$≤0.1 s | 三相平衡 |
| 10 | 工业空压机 | | 1.05/12.5 | 7.5 | 三相 380V 50Hz | 4 | DZ15LE-100;$I_n$15mA;$t$≤0.1 s | 三相平衡 |

示意图片（图 7.5－1～图 7.5－5）：

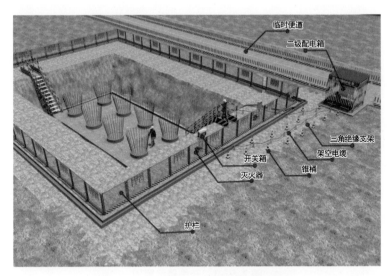

**图 7.5－1　承台施工临时用电示意图一**

**图 7.5－2　承台施工临时用电示意图二**

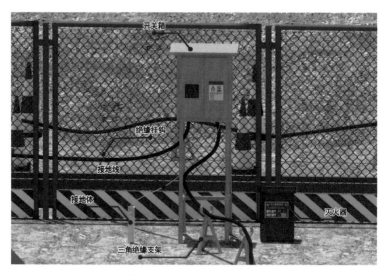

图 7.5‑3 开关箱示意图

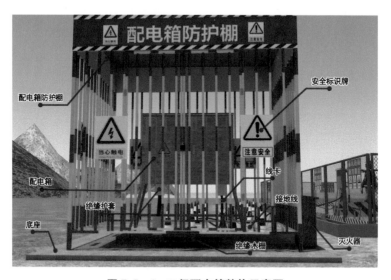

图 7.5‑4 二级配电箱整体示意图

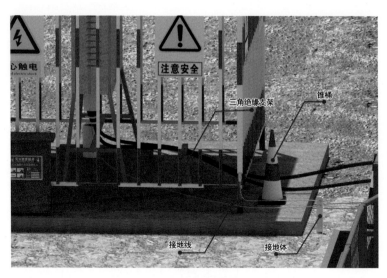

图 7.5‑5   二级配电箱接地示意图

## 7.6   墩柱、盖梁施工

7.6.1   墩柱、盖梁施工现场使用的主要设备有：电焊机、振动泵以及空压机等。

7.6.2   电缆可沿爬梯、临边护栏穿管或通过绝缘 S 弯钩架空布置。当爬梯超过 20 m 时应设置防雷和接地装置。

7.6.3   安全爬梯上可设置专用电箱平台，开关箱可设置顶部在作业平台上。

示意图片（图 7.6‑1、图 7.6‑2）：

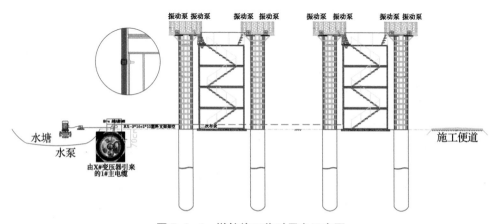

图 7.6‑1   墩柱施工临时用电示意图

143

设置示例（表7.6-1）：

表7.6-1 墩柱、盖梁施工现场典型设备型号及用电选型参数

| 序号 | 设备名称 | 典型型号 | 总功率/kW | 电源性质 | 设备电源线径/mm | 剩余电流保护断路器选型 | 备注 |
|---|---|---|---|---|---|---|---|
| 1 | 电焊机 交流弧焊机 | BX3-300 | 22.5 | 两相 AC380V 50Hz | 38 | DZ20L-160; $I_n$ 30mA; $t \leqslant 0.1$ s | 注意三相平衡 |
| 2 | | BX3-500 | 37.5 | 两相 AC380V 50Hz | 60 | DZ20L-160; $I_n$ 30mA; $t \leqslant 0.1$ s | 注意三相平衡 |
| 3 | 直流电焊机 | ZX7-270 | 6 | 两相 AC380V 50Hz | 4 | DZ15LE-100; $I_n$ 15mA; $t \leqslant 0.1$ s | 注意三相平衡 |
| 4 | 氩弧焊机 | TIG200SW221II | 5.4 | 两相 AC380V 50Hz | 4 | DZ15LE-100; $I_n$ 15mA; $t \leqslant 0.1$ s | 注意三相平衡 |
| 5 | 二氧化碳保护焊机 | NBC-200 | 7.5 | 两相 AC380V 50Hz | 4 | DZ15LE-100; $I_n$ 15mA; $t \leqslant 0.1$ s | 注意三相平衡 |
| 6 | 埋弧焊机 | MZ-630 | 35.8 | 三相 380V 50Hz | 20 | DZ15LE-100; $I_n$ 30mA; $t \leqslant 0.1$ s | 三相平衡 |
| 7 | 振动泵 | ZDE-50 | 1.1 | 两相 AC380V 50Hz | 4 | DZ15LE-100; $I_n$ 15mA; $t \leqslant 0.1$ s | 多台时注意三相平衡 |
| 8 | 工业空压机 | 1.05/12.5 | 7.5 | 三相 380V 50Hz | 4 | DZ15LE-100; $I_n$ 15mA; $t \leqslant 0.1$ s | 三相平衡 |

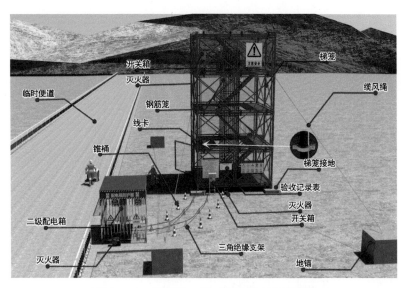

图 7.6‑2 墩柱施工临时用电缆布设示意图

## 7.7 现浇梁、桥面施工

7.7.1 桥面（含现浇梁、悬浇梁等）施工现场使用的主要设备有：电焊机、振动泵、张拉压浆设备、圆盘锯等。

7.7.2 桥面施工电缆线路可通过绝缘挂钩、保护套管敷设在栏杆上，或通过绝缘支架架空布设，或穿管沿桥面布设。

7.7.3 当桥面栏杆拆除钢管脚手架防护时，电缆线路通过绝缘挂钩和保护套管敷设在栏杆上。

7.7.4 墩高较高桥梁重复接地可如本指南 6.1.6.2 节中图 6.1‑3 桥梁保护接地典型设计图实施；墩高较低桥梁重复接地可直接从桥面引 $\phi16 \text{ mm}^2$ 7 股铜绞线专用接地引线至地面接地装置；水中钢管桩可直接焊接—40×4 镀锌扁钢接地。

设置示例（表 7.7-1）：

表 7.7-1 现浇梁、悬浇梁、桥面等施工现场典型设备型号及用电选型参数

| 序号 | 设备名称 | | 典型型号 | 总功率/kW | 电源性质 | 设备电源线径/mm | 剩余电流保护断路器选型 | 备注 |
|---|---|---|---|---|---|---|---|---|
| 1 | 电焊机 | 交流弧焊机 | BX3-300 | 22.5 | 两相 AC380V 50Hz | 38 | DZ20L-160；$I_n$30mA；$t \leqslant 0.1$s | 注意三相平衡 |
| 2 | | | BX3-500 | 37.5 | 两相 AC380V 50Hz | 60 | DZ20L-160；$I_n$30mA；$t \leqslant 0.1$s | 注意三相平衡 |
| 3 | | 直流电焊机 | ZX7-270 | 6 | 两相 AC380V 50Hz | 4 | DZ15LE-100；$I_n$15mA；$t \leqslant 0.1$s | 注意三相平衡 |
| 4 | | 氩弧焊机 | TIG200SW221II | 5.4 | 两相 AC380V 50Hz | 4 | DZ15LE-100；$I_n$15mA；$t \leqslant 0.1$s | 注意三相平衡 |
| 5 | | 二氧化碳保护焊机 | NBC-200 | 7.5 | 两相 AC380V 50Hz | 4 | DZ15LE-100；$I_n$15mA；$t \leqslant 0.1$s | 注意三相平衡 |
| 6 | | 埋弧焊机 | MZ-630 | 35.8 | 三相 380V 50Hz | 20 | DZ15LE-100；$I_n$30mA；$t \leqslant 0.1$s | 三相平衡 |
| 7 | 智能张拉设备 | | ZNZL-50-2(4) | 12 | 三相 380V 50Hz | 6 | DZ15LE-100；$I_n$30mA；$t \leqslant 0.1$s | 电压平衡 |
| 8 | 智能压浆台车 | | YG-500L | 7.5 | 三相 380V 50Hz | 4 | DZ15LE-100；$I_n$15mA；$t \leqslant 0.1$s | 电压平衡 |
| 9 | 振动泵 | | ZDE-50 | 1.1 | 两相 AC380V 50Hz | 4 | DZ15LE-100；$I_n$15mA；$t \leqslant 0.1$s | 多台时注意三相平衡 |
| 10 | 圆盘锯 | | 工业级 | 4 | 三相 380V 50Hz | 2 | DZ15LE-100；$I_n$15mA；$t \leqslant 0.1$s | 三相平衡 |

示意图片（图7.7-1～图7.7-9）：

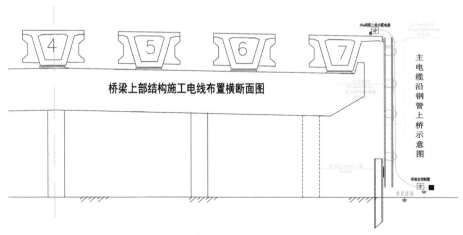

图 7.7-1 桥面施工临时用电示意图一

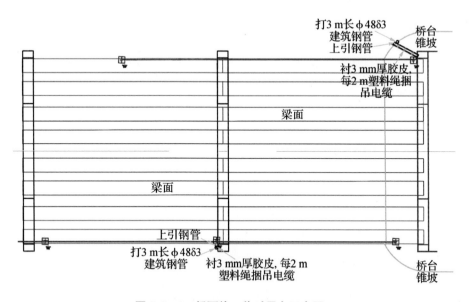

图 7.7-2 桥面施工临时用电示意图二

**图 7.7‑3　桥面施工临时用电示意图三**

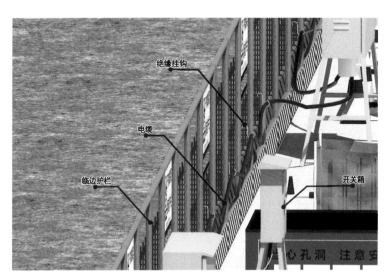

**图 7.7‑4　桥面施工临时用电桥面布线示意图**

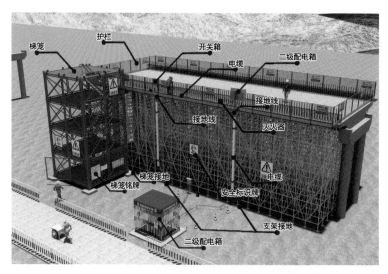

图 7.7‑5 现浇梁施工临时用电示意图

图 7.7‑6 现浇梁施工临时用电桥面布线图

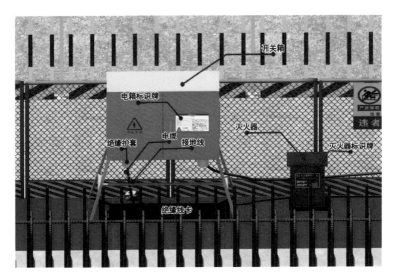

图 7.7-7　现浇梁施工临时用电配电箱图

图 7.7-8　现浇梁施工临时用电梯笼接地图

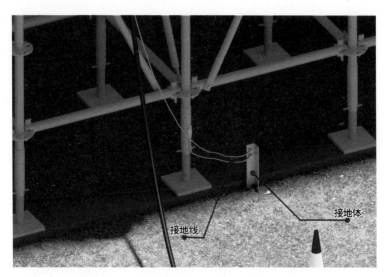

图 7.7‑9 现浇梁施工临时用电支架接地图

## 7.8 钢梁及钢桥面施工

7.8.1 钢梁施工现场使用的主要设备有：大功率电焊机、空气压缩机、制冷通风机等。钢桥面施工现场使用的主要设备有：大功率电焊机、抛丸机、真空泵等。

7.8.2 钢梁支架及支架上用电可沿桥梁立柱固定电缆支架至工作平台设控制箱；梁面、桥面可从桥台锥护坡穿管保护引上，也可上延立柱施工电缆支架，设上部总控制箱后用绝缘挂钩、保护套管敷设在栏杆上，沿中分带悬挂布设，或通过绝缘支架架空布设，或穿管沿桥面布设。

7.8.3 当桥面栏杆钢管脚手架防护时，电缆线路通过绝缘挂钩将线路电缆外加保护套管敷设在栏杆上。

7.8.4 墩高较高桥梁重复接地可如本指南 6.1.6.2 节中图 6.1‑3 桥梁保护接地典型设计图实施；墩高较低桥梁重复接地可直接从桥面引 $\phi16$ mm$^2$7 股铜绞线专用接地引线至地面接地装置；水中钢管桩可直接焊接—40×4 镀锌扁钢接地。

7.8.5 交流电焊机必须配备二次侧保护器；钢箱室内宜采用充电灯照明，必须用隔离安全电压变压器时，变压器设在箱室外；制冷通风机等高压设备也应设在箱室外。

设置示例（表 7.8 – 1）：

表 7.8 – 1　钢梁及钢桥面施工现场典型设备型号及用电选型参数

| 序号 | 设备名称 | | 典型型号 | 总功率/kW | 电源性质 | 设备电源线径/mm | 剩余电流保护断路器选型 | 备注 |
|---|---|---|---|---|---|---|---|---|
| 1 | 电焊机 | 交流弧焊机 | BX3 – 300 | 22.5 | 两相 AC380V 50Hz | 35 | DZ20L – 160;$I_n$30mA;$t$≤0.1 s | 增加二次侧保护器，注意三相平衡 |
| 2 | | | BX3 – 500 | 37.5 | 两相 AC380V 50Hz | 50 | DZ20L – 160;$I_n$50mA;$t$≤0.1 s | 增加二次侧保护器，注意三相平衡 |
| 3 | | 直流电焊机 | ZX7 – 500 | 26 | 两相 AC380V 50Hz | 35 | DZ20L – 160;$I_n$30mA;$t$≤0.1 s | 箱室内增加二次侧保护器，注意三相平衡 |
| 4 | | 碳弧气刨焊机 | ZX7 – 630 | 60 | 三相 AC380V 50Hz | 50 | DZ20L – 160;$I_n$50mA;$t$≤0.1 s | 箱室内增加二次侧保护器 |
| 5 | | 氩弧焊机 | TIG500 | 18 | 三相 AC380V 50Hz | 16 | DZ20L – 160;$I_n$30mA;$t$≤0.1 s | 箱室内增加二次侧保护器 |
| 6 | | 二氧化碳保护焊机 | NBC – 315 | 15 | 三相 AC380V 50Hz | 16 | DZ20L – 160;$I_n$30mA;$t$≤0.1 s | 箱室内增加二次侧保护器 |
| 7 | | 埋弧焊机 | MZ – 630 | 35.8 | 三相 AC380V 50Hz | 25 | DZ20L – 160;$I_n$30mA;$t$≤0.1 s | 箱室内增加二次侧保护器 |
| 8 | | 埋弧焊机 | MZ – 1000 | 65.0 | 三相 AC380V 50Hz | 50 | DZ20L – 160;$I_n$50mA;$t$≤0.1 s | 箱室内增加二次侧保护器 |
| 9 | 空气压缩机 | | KB45 | 45 | 三相 AC380V 50Hz | 35 | DZ20L – 160;$I_n$30mA;$t$≤0.1 s | 电压平衡 |
| 10 | 制冷通风机 | | YW – AF030T | 30 | 三相 AC380V 50Hz | 25 | DZ20L – 160;$I_n$30mA;$t$≤0.1 s | 电压平衡 |
| 11 | 抛丸机 | | 索达 | 31 | 三相 AC380V 50Hz | 25 | DZ20L – 160;$I_n$30mA;$t$≤0.1 s | 电压平衡 |
| 12 | 真空泵 | | ZL100 | 6 | 三相 AC380V 50Hz | 6 | DZ15LE – 100;$I_n$15mA;$t$≤0.1 s | 电压平衡 |

# 8 智能用电管理系统

## 8.1 智能用电四新技术

8.1.1 在两区三场、持续用电时间较长的施工现场临时用电安装时宜使用智能用电管理系统。

8.1.2 智能用电管理系统应能精准识别各种电路故障，包括但不限于过流、短路、停电、过压、欠压、超温、剩余电流超标、故障电弧等异常事件，并实时上传云端，同时触发本地、远程报警，提示运维人员及时处理，以避免配电箱发生起火等电气安全事故。智能用电管理系统应具备以下基本功能：

（1）监测分析各回路的耗电数据；

（2）监测电柜线缆温度、电流、电压、漏电等数据；

（3）探测并预警用电异常。

8.1.3 施工现场智能用电技术指标应根据临时用电组织设计合理选择。典型技术指标如下所示：

（1）剩余电流报警设定值：50~1 000 mA/显示范围：20~1 500 mA；

（2）电流报警设定值：10~630 A/显示范围：10~630 A；

（3）温度报警设定值：55~140 ℃/显示范围：0~140 ℃；

（4）通信方式：GPRS 无线通信，支持移动/联通 SIM 卡；

（5）工作电压：AC198~242 V、50 Hz/待机功耗：0.6 W；

（6）报警延时设定值：1.2~60 s；

（7）控制输出：常开常闭触点，触点容量 220VAC/1A 或 30VDC/1A；

（8）使用环境条件：环境温度：－10~＋60 ℃/相对湿度：≤90%、不凝露。

示意图片（图8.1-1）：

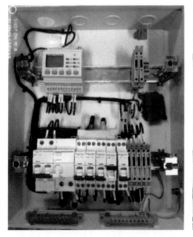

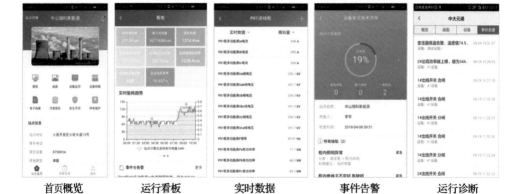

| 首页概览 | 运行看板 | 实时数据 | 事件告警 | 运行诊断 |

**图8.1-1　智能用电管理系统示意图**

## 8.2　设备及安装

8.2.1　智能安全用电管理系统宜安装于配电箱或开关柜内部。为保证系统正常运行，应使它处于防雨、防潮、防强光照射、易于通风散热的地方。

8.2.2　智能化设备的安装应牢固、可靠，安装件必须能承受设备的重量，及使用、维修时附加的外力。吊装或壁装设备应采取防坠落措施。在搬动、架设显示屏单元过程中应断开电源和信号连接线缆，严禁带电操作。

8.2.3　通信天线宜安装于配电箱或开关箱箱体外部信号良好的地方并垂直放置，若安装于箱体内部则可能因电箱箱体屏蔽影响而造成信号不良，容易导致经常掉线等异常情况发生。

8.2.4 电度表宜采用分时制电表，主电缆端部宜设数显剩余电流保护器，总电源宜采用智能断路器。

8.2.5 智能断路器，其功能：监测与处理漏电、短路、过流、过载、打火、过压、欠压、雷击浪涌、过温等电气故障，并实时将报警与负载信息通过互联网提供到系统平台。

8.2.6 智能短路灭弧器，其功能：①短路灭弧：当被保护电路发生短路时，短时间内切断电路；②剩余电流保护：当电路中漏电电流大于设定的值，灭弧器立即切断电路，对人身进行保护；③过载保护：当运行电流大于产品过载电流设定值时，按照设定的时间切断电路；④过压保护：当电路电压超过设定值，灭弧器立即切断电路。

8.2.7 保护用电流互感器，其功能：与继电装置配合，在线路发生短路过载等故障时，向继电装置提供信号切断故障电路，以保护供电系统的安全。

# 检测和测试

## 9.1 一般规定

9.1.1 当设备、材料、成品和半成品进场后，因产品质量问题有异议或现场无条件做检测时，应送有资质的实验室做检测。

9.1.2 应采用核查、检定或校准等方式，确认用于工程施工验收的检验检测仪器设备满足检验检测要求。

## 9.2 线路检测

9.2.1 布线工程施工后，必须进行回路的绝缘电阻检测。

9.2.2 当配电箱（柜）内终端用电回路中所设过电流保护电器兼作故障防护时，应在回路终端测量接地故障回路阻抗。

9.2.3 接地装置的接地电阻值应经检测合格。

## 9.3 检测类别

9.3.1 项目部应对施工现场临时用电设施、设备的技术状态进行全过程的监控，通过对临时用电设施、设备的对地电阻阻值、绝缘阻值、剩余电流保护装置动作值等的测量，以确保临时用电设施、设备技术状态良好和现场用电人员的生命安全。

设置示例（表9.3-1）：

**表9.3-1 项目部常用检测仪器仪表建议配备清单**

| 序号 | 检测仪器名称 | 检测类别 |
|---|---|---|
| 1 | VC6056E 数字钳型表 | 测试电流 |
| 2 | F17B 万用表 | 测试电压、电流和电阻等 |
| 3 | ZC25-3500V 绝缘电阻测试仪 | 测试绝缘电阻 |

**(续表)**

| 序号 | 检测仪器名称 | 检测类别 |
|---|---|---|
| 4 | ETCR 3460A 绝缘电阻表 | 测试绝缘电阻 |
| 5 | 盛测数字式绝缘电阻测试仪 | 测试绝缘电阻 |
| 6 | VICTOR 6410 钳形接地电阻仪 | 测试电流、接地电阻 |
| 7 | AR-4105B 接地电阻测试仪 | 测试接地电阻 |
| 8 | ZC29B-1 型接地电阻测试仪 | 测试接地电阻 |
| 9 | LBQ-Ⅲ系列漏电开关测试仪 | 测试剩余电流保护器漏电动作电流、时间 |
| 10 | PEAKMETER MS5910 漏电开关/回路测试仪 | 测试剩余电流保护器漏电动作电流、时间 |
| 11 | ETCR 8600 剩余电流保护器测试仪 | 测试剩余电流保护器漏电动作电流、时间 |

## 9.4　检测仪器用途、原理及操作方法

### 9.4.1　绝缘电阻测试仪 ZC25-3500V

9.4.1.1　ZC25-3500V 绝缘电阻测试仪采用手摇发电机供电，它的表盘刻度是以兆欧（MΩ）为单位，故又称摇表或兆欧表。该测试仪由手摇发电机、电路系统、仪表及三个接线柱线路端 L、接地端 E、屏蔽端 G 等组成。

9.4.1.2　用途

施工现场临时用电管理中，主要用于测量变压器、电机、电缆、发电机等设备和配电线路的对地绝缘、相间绝缘电阻。本表采用专用的高压测试线，消除了测试线对测试结果的影响，以保证这些设备、电器和线路工作在正常状态，避免检测过程中发生触电伤亡及设备损坏等事故。

示意图片（图 9.4-1）：

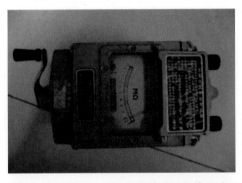

**图 9.4-1　ZC25-3500V 手摇式兆欧表示意图**

9.4.1.3　工作原理

当手柄以额定转速（120 r/min）顺时针转动时，定子线圈输出额定交流电压，经内部电子元器件倍压整流后，在 $A$、$B$ 两端输出直流高压，通过将被测电阻 $R_x$ 串接于兆欧表的"线路端 L"与"接地端 E"之间，即可测量出被测电阻 $R_x$ 的绝缘阻值并显示于仪表指针处。

示意图片（图9.4‒2）：

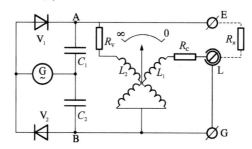

**图 9.4‒2　ZC25‒3500V 手摇式兆欧表原理电路图**

9.4.1.4　操作方法

（1）兆欧表放置平稳牢固，被测物表面擦干净，以保证测量正确。

（2）正确接线，兆欧表有三个接线柱：线路（L）、接地（E）、屏蔽（G）。根据不同测量对象，进行相应接线，具体如下：

示意图片（图9.4‒3）：

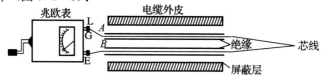

**图 9.4‒3　电缆芯线间绝缘电阻测量示意图**

如图9.4‒3所示，测量电缆不同芯线，或电机、变压器绕组间绝缘电阻时，应先拆除芯线或绕组间的公共连接点，将 E、L 端分别接于被测的两根芯线或两相绕组。

示意图片（图9.4‒4）：

**图 9.4‒4　电缆芯线对地绝缘电阻测量示意图**

如图9.4‒4所示，测量电缆绝缘电阻时，E 端接电缆外表皮（金属铠装护套）上，L端接线芯，G端接芯线最外层绝缘层上；

测量线路对地绝缘电阻时，E端接地，L端接于被测线路上，测量电机或设备绝缘电阻时，E端接电机或设备外壳，L端接被测绕组的一端。

（3）由慢到快摇动手柄，直到转速达 120 r/min 左右，保持手柄的转速均匀、稳定，一般转动 1 min，待指针稳定后读数。

（4）测量完毕，待兆欧表停止转动和被测物接地放电后方能拆除连接导线。

### 9.4.1.5　测量要求及注意事项

施工现场需使用绝缘电阻测试仪对临时用电线路和设备绝缘电阻进行检测并记录。

（1）不同电压等级的电气设施、设备的绝缘材料所能承受的电压不同，为保证设备安全和测量准确，应根据不同电压选择不同电压等级的兆欧表。一般情况下，额定电压在 500 V 以下的设备，应选用 500 V 或 1 000 V 的兆欧表，额定电压在 500 V 以上的设备，选用 1 000～2 500 V 的兆欧表；

（2）需分别检测线路、设备的 A-B、B-C、C-A、A-N、B-N、C-N、PE 绝缘电阻值，其中 A/B/C 分别表示电源线路的三相、N 表示中性导体、PE 表示保护接地零线，其单位均为 MΩ；

（3）电气线路、设备绝缘检测一般情况下每月至少一次；

（4）电气线路、设备绝缘检测按绝缘操作规程进行，严禁带电检测；

（5）检测人为电气技术人员，监测人可以是施工员、安全员等施工管理人员。

### 9.4.1.6　维护方式

（1）绝缘电阻表应存放于温度、湿度适宜的仪器柜中，切忌存放于潮湿、含腐蚀性空气（如含酸、碱等蒸汽）的环境中；

（2）在移动或使用中应避免剧烈、长期震动导致的表头轴尖和宝石受损，影响刻度指示；

（3）接线柱与被测物间连接的导线不得使用双绞线；

（4）测量前后应对仪表及被测物进行充分放电，以保障设备及人身安全；

（5）避免在雷电天气或临近高压导体处对电气设施、设备进行测量，确保被测物体无感应电；

（6）摇手柄转动应由慢到快，如发现指针为零时降低手柄转速以防线圈损坏。

9.4.2 数字钳型表 VC6056E

9.4.2.1 VC6056E 数字钳型表，其工作部分主要由一只电磁式电流表和穿心式电流互感器组成。穿心式电流互感器铁芯制成活动开口，且成钳形，故名钳形电流表。是一种不需断开电路就可直接测电路交流电流的携带式仪表，在电气检修中使用非常方便，应用相当广泛。它是集电流互感器与电流表于一身的仪表，其工作原理与电流互感器测电流是一样的。

示意图片（图 9.4-5）：

**图 9.4-5　VC6056E 数字钳型表示意图**

9.4.2.2 用途

用于测量电气线路电流，可在不断电的情况下进行测量，适用于交流系统大电流用电线路及设备。本型号钳形表集成了普通万用表所有的功能，包括测量交直流电压、电流、电容、二极管、三极管、电阻、温度、频率等。

9.4.2.3 工作原理

将被测电路的导线穿过"O"形闭合铁芯，成为电流互感器的一次线圈，通过导线的电流在二次线圈中感应出电流，与二次线圈相连接电流表显示被测电流。

9.4.2.4 操作方法

（1）测量前要先进行机械调零；

（2）选择合适的量程，应先选大量程再选小量程的原则进行选择，也可以根据电器的铭牌值进行选择；

（3）当使用最小量程测量时，测量读数仍不明显时可将被测导线绕几匝，同时卡入钳口中央进行测量，这种情况下的读数为：读数＝（指示值×量程）/（满偏×匝数）；

（4）测量时应使被测量的导线位于钳口中央处，钳口应处于紧密闭合状态，以有效地减少误差；

（5）当测量完成后，要将转换开关转换到最大量程处。

示意图片（图 9.4－6）：

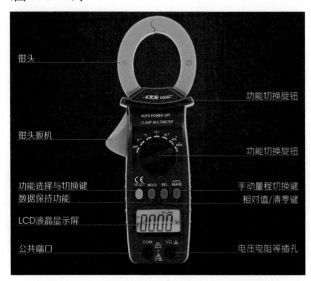

**图 9.4－6  VC6056C 数字钳型表外观示意图**

9.4.2.5  测量要求

施工现场通过 VC6056E 数字钳型表对使用的电机等电器设备进行电流值检测并记录，以实时掌握各用电设备的使用状况。

（1）需分别检测各使用电器设备的电源线路各相电流值，每次单根电源线进行测量；

（2）选择合适的量程，不确定时从最大量程开始逐步减小；

（3）将所测得同一设备各相电流值进行比较并记录；

（4）将所测得同一设备各相电流值与该设备额定电流值进行比较并记录；

（5）各电器设备的电流检测一般情况下每月至少一次。

9.4.2.6　注意事项

（1）取下仪表电池盖或后盖前，应先断开测试导线；

（2）切勿在电池盖或后盖拆除时使用仪表；

（3）钳形口铁芯的两个面应很好地吻合，不应夹有杂质和污垢；

（4）不要将仪表存放在高温或高湿度的环境中；

（5）为了避免损坏仪表，请勿使用腐蚀剂或溶剂。

### 9.4.3　接地电阻测试仪 AR-4105B

9.4.3.1　用途

用于检测电气设备、设施的接地阻值，还可以测量土壤电阻率及对地电压等。接地电阻值是用来衡量接地状态是否良好的一个重要参数，是电流由接地装置流入大地再经大地流向另一接地体或向远处扩散所遇到的电阻。接地电阻的大小直接体现了电气装置与"地"接触的良好程度。

9.4.3.2　原理

通过仪表产生一个交变电流的恒流源，恒流源从 E 端和 C 端向接地体和电流辅助极送入交变恒电流，该电流在被测体上产生相应的交变电压；测试仪在 E 端和电压辅助极 P 端检测该交变电压值，数据经处理后直接在显示屏上显示被测接地体的电阻值。

9.4.3.3　操作方法

（1）测试线的连接：将测试线插头插入测试仪相应端口（P 为电位极，C 为电流极，E 为接地极）；将辅助接地极 P 和 C 在距离被测物间隔 5～10 m 处依次垂直打入地表；将 P 端导线（黄色）及 C 端导线（红色）钳头夹到相应辅助接地极，将 E 端连接线（绿色）钳头夹到被测物接地端。

示意图片（图 9.4-7）：

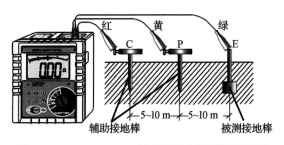

**图 9.4-7　AR-4105B 常规接地电阻测量示意图**

（2）接地电压的测量：将量程选择开关切换至接地电压（EARTH VOLTAGE）挡。按下 POWER 键开机，如显示屏显示电压值则表示系统中存在接地电压，当电压值大于 10 V 时，可能导致接地电阻测量值产生误差，此时应先将被测接地体的设备断电，待接地电压降到小于 10 V 后再进行测量。

（3）接地电阻测量：首先应选择 2 000 Ω 电阻挡，按下"测定"（PRESS TEST）键，LED 屏将会点亮表示在测试中；如测量阻值显示过小，可以依次按 200 Ω、20 Ω 电阻挡进行切换测量。

注：如果显示"…"则表示辅助接地极 C 的辅助接地阻抗过大，此时应检查各接线是否有松动，如接线正常可在辅助接地极周围增加土地湿度来减小接地阻抗。接线时确保连线各自分开，应避免相互缠绕产生感应电而影响读数正确。

9.4.3.4 测量要求（按《接地系统的土壤电阻承、接地电阻抗和地面电阻测量导则 第 1 部分：常规测量》GB/T 17949.1—2000 执行）

（1）检测接地类别需分为重复接地、保护接地、工作接地、防雷接地。重复接地规定电阻值≤10 Ω，保护接地规定电阻值≤4 Ω，工作接地规定电阻值≤10 Ω，防雷接地规定电阻值≤30 Ω；

（2）接地电阻检测一般情况下每月至少一次，检测人为电气技术人员，监测人可以是施工员、安全员等施工管理人员。

9.4.3.5 注意事项

（1）本仪表应存放于温度、湿度适宜的仪器柜中，切忌存放于潮湿、含腐蚀性空气（如含酸、碱等蒸汽）的环境中；

（2）清洁、维护保养时，接地电阻测试仪应关机；

（3）干燥通风场所，避免受潮，应防止酸碱及腐蚀气体；

（4）测量保护接地电阻时，一定要断开电气设备与电源的连接，在测量小于 1 Ω 的接地电阻时，应分别用专用导线连在接地柱上，C2 在外侧 P2 在内侧；

（5）测量大型接地网接地电阻时，不能按一般接线方法测量，可参照电流表、电压表测量法中的规定选定埋插点；

（6）测量地电阻时反复在不同的方向测量 3 至 4 次，取其平均值；

（7）仪表配可充电电池组。当机内电池电压低于 7.2 V 时，表头左上角显示欠压符号"←"。此时应对电池充电 8 h 左右，直至面板上充电指示灯变暗直到熄灭，若仪表长期不用时，应定期充电维护。

9.4.4 **万用表**

9.4.4.1 万用表又称为复用表、多用表、三用表等，是电力、电子等系统不可缺少的测量仪表，一般以测量电压、电流和电阻为主要目的。万用表按显示方式分为指针万用表和数字万用表，是一种多功能、多量程的测量仪表。

示意图片（图9.4-8）：

**图9.4-8 FLUKE F17B万用表外观示意图**

9.4.4.2 **用途**

万用表除不可测量频率外，可测量直流电流、直流电压、交流电流、交流电压、电阻和音频电平等。

9.4.4.3 **原理**

利用一只灵敏的磁电式直流电流表（微安表）做表头，当微小电流通过表头，就会有电流指示，表头不能通过大电流，通过在表头上并联与串联一些电阻进行分流或降压，从而测出电路中的电流、电压和电阻。

9.4.4.4 **操作方法**

（1）量程选择：万用表有手动量程和自动量程两种模式。选择测量类型（电压、电阻、电流等）挡位后测量模式默认为自动量程，电表根据检测到的输入值自动选择最佳量程。手动量程的设定可通过按"RANGE"按钮切换，每按一次该键会递增一个量程，当测量中检测值超出选定量程时，电表会切换至自动量程模式，并显示"AutoRange"。当需手动量程模式切换回自动模式，按住"RANGE" 2 s 即可。

（2）相对测量：当万用表设在想要的功能时，让测试导线接触后续测量要比较的电路，按下"REL"将此测得的值储存为参考值，并启动相对测量模式，会显示参考值和后续读数间的差异。按下"REL"超过 2 s，可使电表恢复正常操作。

（3）测量交流和直流电压：若要最大限度减少包含交流或交流和直流电压元件的未知电压产生的读数错误，首先要选择万用表上的交流电压功能，特别记下产生正确测量结果所需的交流电量程，然后，手动选择直流电功能，其直流电量程应等于或高于先前记下的交流电量程。利用此规则进行精确的直流电测量时交流电瞬间的影响会减至最小。将旋转开关转到左边，选择交流或直流电，将红色测试导线插入 V Ω 端子并将黑色测试导线插入 COM 端子，将探针接触想要测量的电路测试点，测量电压，阅读显示屏上测出的电压。

（4）测量交流或直流电流：将旋转开关转到右边，按下黄色按钮，在交流或直流电流测量间切换，根据待测的电流的大小，选择将红色测试导线插入 A、mA 或 μA 端子，并将黑色测试导线插入 COM 端子，断开待测的电路路径，然后将测试导线衔接断口并施用电源，阅读显示屏上的测出电流。

（5）测量电阻：将旋转开关转至最上方 Ω。确保已切断待测电路的电源。将红色测试导线插入 V Ω 端子，并将黑色测试导线插入 COM 端子，将探针接触想要测试的电路测试点，测量电阻，阅读显示屏上的测出电阻。注：当选中了电阻模式，按两次黄色按钮可启动通断性蜂鸣器。若电阻不超过 50 Ω，蜂鸣器会发出连续音，表明短路；若电表读数为 O L，则表示是开路。

（6）测试二极管：将旋转开关转至最上方 Ω，按黄色功能按钮一次，启动二极管测试，将红色测试导线插入 V Ω 端子，并将黑色测试导线插入 COM 端子，将红色探针接到待测的二极管的阳极而黑色探针接到阴极，阅读显示屏上的正向偏压值。若测试导线的电极与二极管的电极反接，则显示读数会是 O L，这可以用来区分二极管的阳极和阴极。

（7）测试电容：将旋转开关转至 Ω 右边一格，将红色测试导线插入 V Ω 端子并将黑色测试导线插入 COM 端子，将探针接触电容器导线，待读数稳定后（长达 15 s），阅读显示屏上的电容值。

（8）测试温度：将旋转开关转至℃，将热电偶插入电表的 V Ω 和 COM 端子，确保带有"＋"符号的热电偶插头插入电表上的 VΩ 端子，阅读显示屏上显示的摄氏温度。

（9）测试频率和负载循环：电表在进行电流电压或交流电流测量时可以测量频率或负载循环，按 Hz％按钮即将电表切换为手动选择量程，在测量频率或负载循环以前选择合适的量程，将电表选中想要的功能（交流电压或交流电流），按下 Hz％按钮，阅读显示屏上的交流电信号频率；要进行负载循环测量，再按一次 Hz％按钮，阅读显示屏上的负载循环百分数。

9.4.4.5　万用表测量要求

（1）需检测并记录各电器设备的电源电压；

（2）电器设备电源检测一般情况下每月至少一次，检测人为电气技术人员，监测人可以是施工员、安全员等施工管理人员。

9.4.4.6　维护方式

（1）一般维护：用湿布和少许清洁剂定期擦拭外壳，请勿使用磨料或溶剂；端子若弄脏或潮湿可能会影响读数，要定期清洁端子，关闭电表并且断开测试导线，把端子内可能的灰尘摇掉，取一个新棉棒沾上酒精，清洁每个输入端子内部，用一个新棉棒在每个端子内涂上薄薄一层精密机油。

（2）测试保险丝：将旋转开关转至 Ω，将测试导线插入 VΩ 端子，并将探针接触 A、mA 或 μA 端子，若读数介于 000.0 Ω 至 000.1 Ω 之间，则证明 A 端子保险丝是完好的；若读数介于 0.990 kΩ 至 1.010 kΩ 之间，则证明 mA 或 μA 端子保险丝是完好的；若显示读数为 OL，请更换保险丝后再测试。

（3）更换电池和保险丝：为避免错误的读数而导致电击或人员伤害，电池显示灯亮时应尽快更换电池，为防止损坏或伤害，只安装、更换符合指定的安培数、电压和分断电流的保险丝；打开机壳或电池盖以前，须先把测试线断开；若电表出现故障，首先检查电池和保险丝，并确定使用方法是否正确。

9.4.5　系列漏电保护器测试仪 LBQ-Ⅲ

9.4.5.1　LBQ-Ⅲ型漏电保护器测试仪主要用于测量三相四线式剩余电流保护器的漏电动作电流、漏电不动作电流、漏电动作时间，本型号测试仪有体积小、质量轻、携带方便，可连续长时间使用等特点。

示意图片（图 9.4-9）：

图 9.4 - 9  LBQ - Ⅲ型漏电保护器测试仪外观示意图

9.4.5.2  用途

可测量剩余电流保护器动作电流、分断时间，还可测量交流电压、线路及设备漏电流值等。

9.4.5.3  原理

测试仪采用降压变压器输出低压模拟漏电流。通过人工平滑调节电位器，逐步增加减压变压器的初级电压，加大次级输出的模拟漏电流，由此可测出剩余电流保护的动作电流特性。本测试仪的输出电流范围 0～500 mA，时间测试范围 0～799 ms。

9.4.5.4  操作方法

（1）动作时间测量：参照图 9.4 - 10 正确接线，开机后按下设置键，调节可调旋钮使得测试漏电流达到剩余电流保护器的动作值，按下动作时间键，剩余电流保护器动作脱扣，测试仪蜂鸣器鸣响提示测试结束，仪器所显示的数值即为剩余电流保护动作时间；

（2）动作电流测量：参照图 9.4 - 11 正确接线，开机后按下触发键，缓慢调节可调旋钮，使电流值逐步增加，直到剩余电流保护器动作脱扣，测试仪蜂鸣器鸣响提示测试结束，仪器所显示的数值即为剩余电流保护动作电流值。

示意图片（图 9.4 - 10、图 9.4 - 11）：

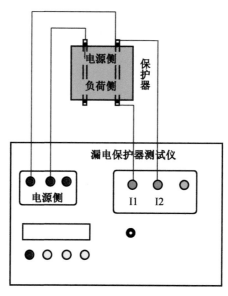

图 9.4‑10    不带电测试接线示意图

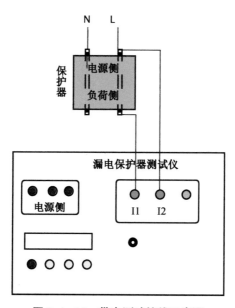

图 9.4‑11    带电测试接线示意图

9.4.5.5    测量要求

（1）剩余电流保护器测试需记录设备名称、剩余电流保护器编号、额定漏电动作电流（mA）、额定漏电动作时间（s）、动作电流（mA）、动作时间（s）、按钮实验及测试结论；

（2）剩余电流保护器测试按照说明书进行，一般情况下测试每月至少一次；

（3）测试人为电气技术人员，监测人可以是施工员、安全员等施工管理人员。

9.4.5.6 注意事项

（1）仪器在使用和携带过程中，需注意防潮以免内部元器件受潮损坏；

（2）仪器面板上带有 220 V 电源输出，使用时应注意安全，避免发生电击事故；

（3）应定期对漏电电流和时间显示值进行校验；

（4）开机没有显示应检查电源线是否接好，保险丝是否熔断；

（5）开机仪器处于鸣响状态时，检查剩余电流保护器是否置于闭合状态。

## 10.1 配电系统

表 10.1‑1 配电系统常见隐患

| 序号 | 隐患描述 | 防治建议 |
|---|---|---|
| 1 | 未按电源等级要求配备备用电源 | 应结合施工工艺、施工设备、施工环境选择相应等级的电源 |
| 2 | 采用剩余电流保护器保护未采用大电流接地保护措施配套 | 采用剩余电流保护器保护必须采用大电流接地保护措施配套，应测量设备导电外壳工频接地电阻≤10 Ω |
| 3 | 未分级剩余电流保护 | 至少两级剩余电流保护 |
| 4 | 未实行过载保护、接地保护 | 应实行分级过载保护、接地保护、重复接地保护、等电位接地保护 |
| 5 | 未分区、分级配电，供电区间混杂不清、互相影响 | 要分区、分级配电，供电回路清晰，区域设总控箱 |
| 6 | 特殊场所未选择安全电压供电 | 隧道、有限空间照明等特殊场所应选择安全电压供电 |
| 7 | 易燃易爆场所未选择防爆电器、阻燃线缆 | 有易燃易爆物的场所应选择防爆电器、阻燃线缆 |
| 8 | 潮湿、易导电场所未选择额定动作电流 15 mA、动作时间≤0.1 s 的剩余电流保护器 | 潮湿、易导电场所应选择额定动作电流 15 mA、动作时间≤0.1 s 的剩余电流保护器 |

## 10.2 人员管理

**表 10.2‑1 人员管理常见隐患**

| 序号 | 隐患描述 | 防治建议 |
|---|---|---|
| 1 | 电气施工测试人员未持证或证书过期未复审或工作范围不对应 | 电气施工测试人员应持证上岗；证书到期应进行复审，防止知识标准未更新；电力操作人员的工作范围应与证书相对应，不熟悉的电路开工前应充分熟悉系统原理、现场布置，不得盲目行事 |
| 2 | 电力施工前未进行交底 | 电力施工前应由电力负责人进行安全技术交底 |
| 3 | 电力施工无统一指挥人员 | 电力施工应明确统一指挥人员、吊装指挥人员 |
| 4 | 未对电力施工区内其他人员进行管理 | 应对电力施工区进行隔离，防止其他人员进入误操作或产生伤害 |
| 5 | 电力施工未对辅助人员划定界面、交底 | 电力施工前应对辅助人员划定界面、交底、培训 |
| 6 | 未对电力施工器具、防护用品进行检查 | 开工时应对电力施工器具、防护用品进行检查、测试，确保其合格 |
| 7 | 未对操作工进行交底、交接 | 安装完成后应对设备操作工进行电气交底、交接，明确操作范围和常规电气故障判断，电气应急方式 |
| 8 | 未明确电力巡查责任人 | 应明确划定电力巡查责任人，及时治理电力隐患，填写巡查日志 |
| 9 | 无显目的应急联系人联系方式 | 应在电源、电箱显目处标示应急联系人联系方式 |

## 10.3 拆除工程

**表 10.3‑1 拆除工程常见隐患**

| 序号 | 隐患描述 | 防治建议 |
|---|---|---|
| 1 | 拆除施工无统一指挥人员 | 拆除施工应统一指挥，必要时设辅助指挥人员 |
| 2 | 未先断电、接地、放电、挂牌即拆除 | 应先断电、接地、放电、挂牌后，方可开始拆除 |
| 3 | 邻近拆除可能有影响的线路未断电 | 邻近拆除有影响的线路应同时办理断电手续，实施断电 |

（续表）

| 序号 | 隐患描述 | 防治建议 |
|------|----------|----------|
| 4 | 拆除已损坏元器件未标识、混放 | 已损坏元器件拆除时应明显标识，不得与合格品混放 |
| 5 | 拆除设备线路接口未对应标识 | 拆除设备线路接口应对应标识，以便下次安装 |
| 6 | 未拆除端未进行电击防护处理 | 线路未拆除端应进行固定、电击包裹等防护处理 |
| 7 | 未拆除部分处于不稳定状态 | 如果未拆除部分处于不稳定状态，应预先予以加固，并在当班完成 |
| 8 | 拆除中吊装、登高作业不符合安全作业要求 | 拆除中吊装、登高作业应符合相应的安全作业要求 |
| 9 | 拆除的沟槽、坑塘未及时回填 | 拆除的沟槽、坑塘应准备回填物及时回填和作必要的复垦处理 |
| 10 | 拆除物的停置影响其他安全 | 拆除物应妥善停置，及时入库，避免影响交通等其他安全 |

## 10.4　电源

### 10.4.1　变压器、配电室

表 10.4－1　变压器、配电室常见隐患

| 序号 | 隐患描述 | 防治建议 |
|------|----------|----------|
| 1 | 变压器安装场所存在安全隐患 | 变压器安装应选择无燃烧、爆炸危险的场所，变压器台座应选择无洪涝积水风险的地段，配电室高出地面，以利排水 |
| 2 | 变压器长期处于满负荷或单相超负荷状态 | 变压器负荷率大于90%的状态，应严控新设备接入，关注施工用电高峰，适当日间和夜间错峰施工；单相负荷偏差高于15%时，应调节单相（双向）设备接线均衡供电 |
| 3 | 配电室现场无灭火器等消防设施 | 配电室现场必须配备灭火器等消防设施 |
| 4 | 配电室无正常照明和应急照明 | 配电室除配有正常照明设施外，还应配备应急照明设施 |
| 5 | 配电室未配置绝缘工具 | 配电室应配置绝缘工具，且标示电压等级、定位放置 |
| 6 | 配电室内有杂物，且影响应急通行 | 配电室内不应放置杂物，更不能影响应急通行 |

### 10.4.2 发电机

**表 10.4‑2 发电机常见隐患**

| 序号 | 隐患描述 | 防治建议 |
|---|---|---|
| 1 | 发电机安装场所存在安全隐患 | 选择无燃烧、爆炸危险的场所，机台无洪涝积水风险的地段，高出地面，以利排水 |
| 2 | 发电机与外电线路电源未连锁，相序不一致 | 发电机严禁与外电线路并列运行，必须与外电线路电源连锁，且相序一致，标识明显 |
| 3 | 发电机无专人维护 | 大型发电机应配备发电工，专人维护 |
| 4 | 发电机功率小，电机启动困难 | 应先启动主机，主机处于待机状态下启动辅机；或更换更大功率发电机 |
| 5 | 发电机尾气未排至室外 | 发电机尾气应排至室外，防止中毒、窒息事故 |
| 6 | 未设置接地引线，或只有一根接地引线 | 振动设备为防止接地引线松动，应设置两处接地引线 |
| 7 | 发电机现场无灭火器等消防设施 | 发电机现场必须配备灭火器等消防设施 |
| 8 | 发电机现场油品储存不符合消防要求 | 限制储油量，完善隔离防护措施 |
| 9 | 应急发电机助启动故障，延误应急用电 | 定期检查助启动设备，重大项目开工时应急发电机应处于热待机状态 |
| 10 | 发电机噪声过大扰民 | 更换静音发电机或在日间施工 |

## 10.5 配电线路

### 10.5.1 外电线路防护

**表 10.5‑1 外电线路防护常见隐患**

| 序号 | 隐患描述 | 防治建议 |
|---|---|---|
| 1 | 在外电架空线路正下方施工、搭设作业棚、建造生活设施或堆放构件、架具、材料及其他杂物等 | 不得在外电架空线路正下方施工、搭设作业棚、建造生活设施或堆放构件、架具、材料及其他杂物等。若确因永久性工程施工需要，应向电力部门上报施工方案，搭设防护棚架，遵守机械设备和人员与相应高压等级线路的安全距离，设置高压接近报警装置，严格控制机械数量、作业人数，现场不得停放无关机械、材料和人员 |

（续表）

| 序号 | 隐患描述 | 防治建议 |
|------|----------|----------|
| 2 | 行车道上架空线无限高措施 | 行车道上架空线应设限高警示标识，高度不满足车辆通行的应设限高架 |
| 3 | 高温、寒冷、灾害性天气在外电架空线路正下方施工 | 高温、寒冷等气温变化，应测量外电架空线路弧垂变化量，重新确认安全距离；灾害性天气应停止外电架空线路正下方的施工 |
| 4 | 进行跨外电架空线路吊装作业 | 禁止跨外电架空线路吊装作业 |
| 5 | 外电架空线路附近移动金属臂架或导电吊物未采取接地、放电措施 | 外电架空线路附近移动金属臂架或导电吊物应采取接地、放电措施 |
| 6 | 在外电架空线路电磁影响区进行电子测试 | 应避免在外电架空线路电磁影响区内进行电子测试，不可避免时应采取屏蔽防护和接地防护措施 |

### 10.5.2 低压配电线路

**表 10.5 - 2　低压配电线路常见隐患**

| 序号 | 隐患描述 | 防治建议 |
|------|----------|----------|
| 1 | 架空线杆被挤斜 | 架空线杆应远离碾压区，防止线杆被挤斜，发生挤斜应采取加固或纠正措施 |
| 2 | 架空线拉线被刮断 | 架空线拉线应有防刮警示标识，发生刮碰后，应对后果进行分析并处置 |
| 3 | 过路架空线高度不满足安全要求 | 过路架空线应设限高标识，高度不满足现有车辆安全通过的要指示其他通行路线；对于翻斗升起影响通行的应设限高架 |
| 4 | 直埋电缆接头 | 直埋电缆的接头应设接线盒或转接箱，避免接头浸水 |
| 5 | 电缆过路未保护 | 过路电缆应增加保护措施 |
| 6 | 保护钢管、金属网架、金属线槽、金属桥架未采用跨接线和双端点接地 | 保护钢管、金属网架、金属线槽、金属桥架应采用分段跨接线、双端点接地或等电位接地保护措施 |
| 7 | 电缆沿导电物体、支架布设未采取隔离措施 | 电缆沿导电物体、支架布设应采取隔离措施 |

**(续表)**

| 序号 | 隐患描述 | 防治建议 |
|---|---|---|
| 8 | 电线电缆用导电丝线绑扎固定 | 电线电缆应用绝缘阻燃绳线绑扎固定,不应损伤绝缘层 |
| 9 | 电缆采用外绑 PE 线 | 电缆芯数不足时,不应采用外绑 PE 线的方式处理,应重新采购芯数满足要求的电缆 |
| 10 | 采用硬质电缆作为移动设备的电源线 | 移动设备的电源线必须选择较柔软的铜芯电缆 |
| 11 | TN-S 系统中部分无 PE 线 | TN-S 系统线路布设时应保证 PE 线从中性点至设备导电外壳的连通 |
| 12 | N-S 系统中 PE 线与 N 线联接 | N-S 系统线路布设时 N 线和 PE 线只能在电源中性点处联接 |
| 13 | 电缆金属铠装层未两端接地 | 铠装电缆金属铠装层两端应电气连接接地 |
| 14 | 接触人员的移动电缆进线端未设置剩余电流保护器 | 接触人员的移动电缆进线端应设置剩余电流保护器 |
| 15 | 埋地电缆缺少标识 | 埋地电缆应在每 20 m、转弯处设置显目的电缆标识牌、警示牌 |
| 16 | 部分线路破损、断裂 | 应加强线路检查,防止部分线路破损、断裂,发生缺相运行、中性线不能回流不平衡电流、PE 线断裂、N-S 系统接地保护失效等现象 |
| 17 | 电缆被碾压、堆积物覆盖 | 电缆应采取保护措施防止被碾压和堆积物覆盖 |
| 18 | 采用灯头线供电 | 灯头线只有单层绝缘保护,架空线以外的线路现场应采用双层保护的电线电缆 |

## 10.6 配电箱

表 10.6-1 配电箱常见隐患

| 序号 | 隐患描述 | 防治建议 |
|---|---|---|
| 1 | 配电箱固定不稳,部件损坏,失去防水功能 | 配电箱应稳固安设,部件功能应正常,具有相应的防异物侵入、防尘、防水、防盐雾、防小动物进入功能 |

**(续表)**

| 序号 | 隐患描述 | 防治建议 |
|---|---|---|
| 2 | 分配电箱重复接地点密度不够、接地线过小 | 长线路多个分配电箱的重复接地点至少满足不少于三处、始末端接地的要求；接地引线兼有防雷接地功能，必须保证断面大于 16 mm$^2$ 的黄绿双色多股铜绞线 |
| 3 | 配电箱不具备关锁功能 | 配电箱应具备关锁功能，建议采用号码锁 |
| 4 | 配电箱门前被物料堵塞 | 配电箱门应能方便打开，人员进入时无障碍 |
| 5 | 配电箱没有设置线路接拆权限隔离设施 | 非集成设备配电箱应设置线路接拆权限与操控设备权限的隔离设施 |
| 6 | 配电箱内元器件固定不稳 | 配电箱内元器件应有效固定 |
| 7 | 配电箱无编号、电工电话等信息 | 配电箱应有唯一性编号、控制范围、电工电话等信息 |
| 8 | 配电箱内使用非标淘汰元器件 | 配电箱不得使用非标淘汰元器件，必须是 3C 或同等认证产品 |
| 9 | 配电箱金属箱门、支架未做电气线软连接 | 配电箱金属箱门、支架应做电气线软连接或电气连接 |
| 10 | 配电箱内开关元件不符合分级配电分级保护的要求 | 配电箱内开关元件应符合分级配电分级保护的要求 |
| 11 | 配电箱内有操作人员可接触的带电部件 | 配电箱内操作人员可接触的带电部件应进行绝缘隔离 |
| 12 | 配电箱内开关元件未设置电弧隔离保护板 | 配电箱内开关元件应设置电弧隔离保护板 |
| 13 | 配电箱内 N 线未通过剩余电流保护器 | 配电箱内 N 线应通过剩余电流保护器 |
| 14 | 配电箱内 PE 线通过剩余电流保护器 | 配电箱内 PE 线不应通过剩余电流保护器 |
| 15 | 配电箱内 PE 线接线端子不足，接线有串联连接现象 | 配电箱内 PE 线接线端子不少于分路数＋1 个，接线不得采取串联连接 |
| 16 | 配电箱内接线未按相色和相序连接 | 配电箱内接线应按标准相色和相序连接，不是标准色的应加标准色套区分 |

**(续表)**

| 序号 | 隐患描述 | 防治建议 |
|---|---|---|
| 17 | 配电箱内接线端受拉，线路混乱未固定、标识 | 配电箱内接线应排列整齐，并加以固定、标识，接线端不得受拉力 |
| 18 | 配电箱内接线截去了部分线芯 | 不得采取截断部分线芯，方便接线端子与线径匹配的做法 |
| 19 | 开关箱出线未经过剩余电流保护器直接到设备 | 开关箱出线必须经过剩余电流保护器再接到设备 |
| 20 | 两根压接线头直径相差较大或多根线头直接压接 | 两根压接线头直径应基本一致，多根线头应通过线鼻转接 |
| 21 | 箱内配线未采用铜芯线、未提高一个规格等级 | 箱内配线应采用铜芯线、并应提高一个规格等级 |
| 22 | 未采用铜铝过渡接头连接 | 应采用铜铝过渡接头连接，防止电化学氧化 |
| 23 | 使用淘汰元器件 | 根据建设部〔2007〕659号等公告规定：禁止使用石板闸刀开关、HK1、HK2、HK2P、HK8型闸刀开关、瓷插式熔断器 |

## 10.7 机具设备

表 10.7‑1  机具设备常见隐患

| 序号 | 隐患描述 | 防治建议 |
|---|---|---|
| 1 | 单一工程设备电源线未通过过载保护器、剩余电流保护器 | 只要不是成套设备或消防应急设备，均应通过专用的过载保护器和剩余电流保护器 |
| 2 | 末级剩余电流保护器动作时间大于 0.1 s；防止电击事故的剩余电流保护器额定剩余电流动作值大于 30 mA 或采用延时型保护电器 | 末级剩余电流保护器动作时间不大于 0.1 s；防止电击事故的剩余电流保护器额定剩余电流动作值不大于 30 mA，应采用非延时型剩余电流保护电器 |
| 3 | 欠压运行、启动电压过低 | 测量运行电压、启动电压，确保其正常，特别是树干式布线长线路末端 |
| 4 | 设备绝缘电阻低于相关标准要求 | 设备安装前和怀疑受潮时要测量绝缘电阻 |
| 5 | 采用直插等方式代替设备开关 | 不得用电线直插等方式取代开关 |

(续表)

| 序号 | 隐患描述 | 防治建议 |
|---|---|---|
| 6 | 操纵设备紧急开关水平距离操作位大于 3 m | 手动工具按原配电源线长度控制插座的距离，不应随意加长；确保紧急开关距离操作位水平距离不大于 3 m，成套设备合理设置控制台 |
| 7 | 操纵设备紧急开关高度不在 0.8～1.6 m 范围 | 操纵设备的紧急开关高度，应在 0.8～1.6 m 范围 |
| 8 | 设备开关标识不明显，与设备标识不对应 | 设备开关标识应显目，特别是多台设备要可明显区分 |
| 9 | 采用 TN-S 配电系统时 PE 线未连续接至设备金属外壳 | TN-S 配电系统中 PE 线应从主干线连接至分配电箱，直至连接开关箱，最终连接至设备金属外壳 |
| 10 | 等电位接地场区内个别设备未接入等电位接地 | 如果实行等电位接地，区间内所有设施、设备外壳导电体都要通过 PE 线可靠并联至接地极上 |
| 11 | 设备外壳可活动，与 PE 线导通不良 | 设备外壳松动，应紧固或加编织铜带实现与 PE 线的电气连接 |
| 12 | 设备有故障强制运行 | 应通过看、闻、听、摸、测等方法，确保用电设备无故障运行 |
| 13 | 设备散热、降温风扇有故障 | 用电设备外壳应有良好的散热、降温条件，降温风扇损坏应及时修理 |
| 14 | 操作手柄绝缘损坏 | 带绝缘层的操作手柄损坏后应及时修复绝缘层，不能降低防护等级 |
| 15 | 反向运转有安全风险的设备和急停开关采用倒顺开关 | 反向运转有安全风险的设备和急停开关禁止采用倒顺开关，因为倒顺开关易误动作，触点易熔粘 |
| 16 | 野外使用的设备采用露置的室内开关 | 室内开关防水能力不足，易引发事故，不得露置室外使用 |
| 17 | 室外采用非防水灯具照明 | 室外应采用防水灯具照明，导电外壳应连接 PE 线 |

## 10.8 检测和测试

表 10.8-1 检测和测试常见隐患

| 序号 | 隐患描述 | 防治建议 |
|---|---|---|
| 1 | 测试接地电阻或绝缘电阻时设备未开路 | 测试接地电阻或绝缘电阻时测试电压远高于额定电压，不能在设备内产生工作回路 |
| 2 | 测试不合格的元器件、设备未及时停用、封闭、处理 | 对测试不合格的元器件、设备，应复测确认，确认为不合格的应及时采取停用、封闭、区别保管、修理等措施 |
| 3 | 测试仪表未校准 | 测试仪表应在测试前后校准，测点过多时中途也应进行校准 |
| 4 | 元器件、设备安装或使用前未进行必要的检测 | 元器件、设备安装或使用前检测线路电阻（导通性）、设备绝缘电阻等，可以避免返工、设备烧毁和触电事故 |

## 10.9 雷电防护

表 10.9-1 雷电防护常见隐患

| 序号 | 隐患描述 | 防治建议 |
|---|---|---|
| 1 | 常有工作人员的钢构未实施防雷接地 | 钢构基础施工时预埋接地极 |
| 2 | 避雷针高度不够，保护未全面覆盖 | 独立高耸结构应从最高点向上计算覆盖面积，如粉料罐最高点一般是除尘器顶面，而不一定是粉料罐顶板 |
| 3 | 防雷接地点布设间距过大 | 按最新 GB 50057《建筑物防雷设计规范》划分构筑物防雷等级，并按接地点布设间距设计接地点，按最新 GB 50256《电气装置安装工程起重机电气装置施工及验收规范》和轨道长度统筹规划轨道接地模式 |
| 4 | 钢构尖端未设接地引线 | 钢构屋角立柱必须设接地引线 |
| 5 | 采用铝质接地引线、接地体 | 铝的电阻率大、熔点低，雷电泄导电流特别大，易被熔化，不得用作防雷接地 |

**（续表）**

| 序号 | 隐患描述 | 防治建议 |
|------|----------|----------|
| 6 | 采用螺纹钢打设接地极 | 螺纹钢与土壤接触不紧密，雷电泄导时易产生尖端放电 |
| 7 | 采用单芯、细芯、小于 $\phi16$ mm² 接地引线 | 采购标准的接地引线连接 |
| 8 | 接地引线绕成螺旋状 | 过长接地引线不能绕成螺旋状，以防雷电泄导时产生感抗 |
| 9 | 接地连接松动、不防腐 | 接地连接处设防松动措施，并进行防腐处理 |
| 10 | 接地极未对跨步电压采取防护措施 | 人员可触及外露接地极应采取围挡、下埋等防护措施 |
| 11 | 接地极接地电阻大于规范要求值 | 埋设接地极后及时测试接地电阻，并留有土壤干燥后接地电阻变大的余量 |

## 10.10 常见隐患图例

**表 10.10－1 临时用电常见隐患图例**

| 序号 | 隐患图片 | 隐患描述 |
|------|----------|----------|
| 1 | | 跨越架空电力线吊装 |
| 2 | | 地面有积水，电缆有接头且沿地拖设 |

（续表）

| 序号 | 隐患图片 | 隐患描述 |
|:---:|:---:|:---|
| 3 | | 电缆直接沿钢脚手架敷设 |
| 4 | | 线路局部破损露芯 |
| 5 | | 线路局部被挤压变形 |
| 6 | | 电缆被碾压、堆积覆盖 |
| 7 | | 采用灯头线，且导电外壳未接地 |

（续表）

| 序号 | 隐患图片 | 隐患描述 |
|------|----------|----------|
| 8 | | 采用硬质电缆作为移动设备的电源线 |
| 9 | | 配电箱总控开关应用空气开关，熔断式隔离开关无法带电切断电源，无线路标识 |
| 10 | | 采用不带开关和剩余电流保护器插座，电线直接插接 |
| 11 | | 设备外壳未连接 PE 线，电缆剥线过长 |

（续表）

| 序号 | 隐患图片 | 隐患描述 |
|---|---|---|
| 12 | | 采用接地线编组成供电线路，线路直接与金属架接触无防护措施 |
| 13 | | 采用螺纹钢作为接地体 |

# 附录 A　用电线路布置示例

A.1　项目经理部需在建设初期对用电线路做好规划，包括线路走向、各级配电箱设置点、接地点、线路检修点等。

A.2　用电线路布置需符合以下几点要求：

（1）用电线路布置应采用埋地敷设、架空或其他保护方式；

（2）各级配电箱 PE 线都应进行重复接地；

（3）根据用电设备、用电量以及场地布置，合理布置各级配电箱，但分配电箱与开关箱的距离不应超过 30 m；

（4）根据用电量、线路荷载以及周围环境选择规格合适的电缆线，不应使用花线等其他电线。

A.3　临时用电总体布置、项目驻地、预制场、钢筋棚、拌合站及隧道口等线路布置示意图如下（仅供参考）：

示意图片（图 A.1～图 A.7）：

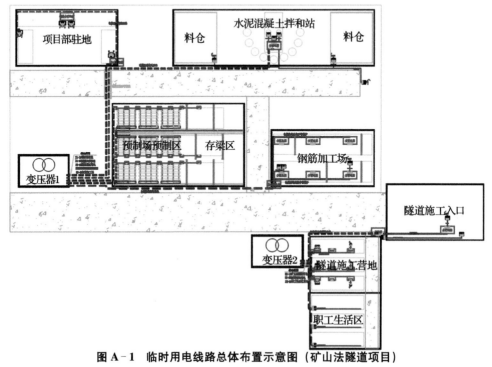

**图 A-1　临时用电线路总体布置示意图（矿山法隧道项目）**

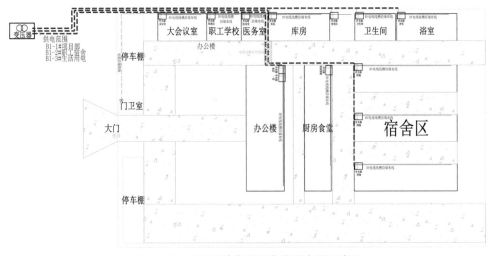

图 A‑2　项目驻地临时用电线路布置示意图

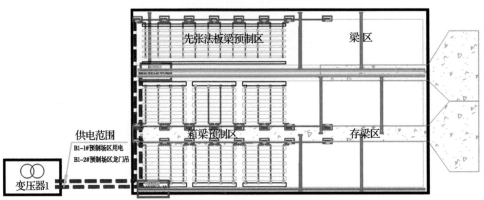

图 A‑3　组合箱梁、空心板梁预制场临时用电线路布置示意图

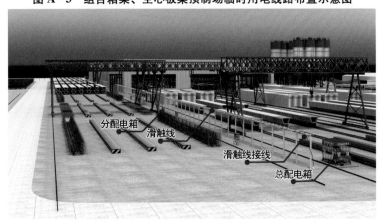

图 A‑4　预制梁场临时用电线路布置示意图

**图 A‑5 预制梁场台座示意图**

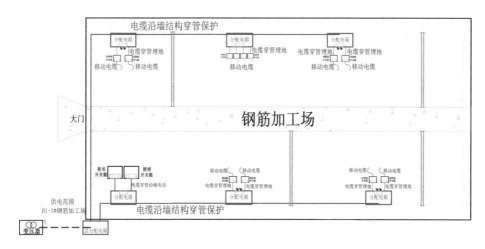

**图 A‑6 钢筋加工场临时用电线路布置示意图**

图 A-7　钢筋加工棚临时用电线路布置示意图

# 附录 B　外电雷电防护

## B.1　外电线路安全防护

B.1.1　一般不得在外电架空线路正下方施工、吊装、搭设作业棚、建造生活设施或堆放构件、架具、材料及其他杂物等。在建工程存在外电架空线路时，应由项目总工组织编制专项防护方案。

B.1.2　在建工程（含脚手架）的周边与外电架空线路的边线之间的最小安全操作距离应符合规范要求。当安全距离达不到规范要求时，应采取绝缘隔离防护措施。

B.1.3　搭设防护架时，材料应使用木质等绝缘性材料。防护架距外电线路一般不小于 1.7 m，应停电后进行搭设、拆除作业。防护架距作业面较近时，应用硬质绝缘材料封严，防止脚手架、钢筋等穿越触电。

B.1.4　当架空线路在塔吊等起重机械的作业半径范围内时，其线路上方也应有防护措施，应计算考虑风荷载、雪荷载。在防护架上端间断设置小彩旗，夜间施工应有彩灯（或红色灯泡），电源电压应为 36 V。

B.1.5　施工现场道路设施等与外电架空线路的最小距离应符合表 B.1‑1 规定。

表 B.1‑1　施工现场道路设施等与外电架空线路的最小距离

| 类　别 | 距　离 | 外电线路电压等级 | | |
|---|---|---|---|---|
| | | 10 kV 及以下 | 220 kV 及以下 | 500 kV 及以下 |
| 施工道路与外电架空线路 | 跨越道路时距路面最小垂直距离/m | 7.0 | 8.0 | 14.0 |
| | 沿道路边敷设时距离路沿最小水平距离/m | 0.5 | 5.0 | 8.0 |

(续表)

| 类 别 | 距 离 | 外电线路电压等级 | | |
|---|---|---|---|---|
| | | 10 kV 及以下 | 220 kV 及以下 | 500 kV 及以下 |
| 临时建筑物与外电线路架空线路 | 最小垂直距离/m | 5.0 | 8.0 | 14.0 |
| | 最小水平距离/m | 4.0 | 5.0 | 8.0 |
| 在建工程脚手架与外电架空线路 | 最小水平距离/m | 7.0 | 10.0 | 15.0 |
| 各类施工机械外缘与外电架空线路的最小距离/m | | 2.0 | 6.0 | 8.5 |

B.1.6 当施工现场道路设施等与外电架空线路的最小距离达不到表 B.1-1 要求时，应采取隔离防护措施。架设防护设施时，应经有关部门批准，采用线路暂时停电或其他可靠的安全技术措施，并应有电气专业技术人员和专职安全人员监护；防护设施应坚固、稳定，且对外电架空线路的隔离防护等级符合规范要求；并且应当悬挂醒目的警示标识。防护设施与外电架空线路之间的安全距离不应小于表 B.1-2 所列数值。

表 B.1-2 电线电缆防护安全距离

| 外电架空线路电压等级/kV | ≤10 | 35 | 110 | 220 | 330 | 500 |
|---|---|---|---|---|---|---|
| 防护设施与外电架空线路之间的最小安全距离/m | 2.0 | 3.5 | 4.0 | 5.0 | 6.0 | 7.0 |

B.1.7 起重机严禁在无防护设施的外电架空线路附近作业。在外电架空线路附近吊装时，起重机的任何部位或被吊物在最大偏斜时与架空线路边线的最小安全距离应符合表 B.1-3 规定。

表 B.1-3 起重作业与架空线路边线的最小安全距离

| 安全距离/m | 电压/kV | | | | | | |
|---|---|---|---|---|---|---|---|
| | <1 | 10 | 35 | 110 | 220 | 330 | 500 |
| 沿垂直方向 | 1.5 | 3.0 | 4.0 | 5.0 | 6.0 | 7.0 | 8.5 |
| 沿水平方向 | 1.5 | 2.0 | 3.5 | 4.0 | 6.0 | 7.0 | 8.5 |

B.1.8 施工现场开挖沟槽边缘与外电埋地电缆沟槽边缘之间的距离不应小于0.5 m。

B.1.9 架空线路宜优先采用钢筋混凝土线杆,其次选用木杆。钢筋混凝土杆不应有露筋,宽度大于0.4 mm的裂纹和扭曲;木杆不应腐朽,其直径不应小于140 mm。

B.1.10 因受地形环境限制不能装设拉线时,可采用撑杆代替拉线,撑杆埋设深度不应小于0.8 m,其底部应垫底盘或石块。撑杆与电杆的夹角宜为30°。

B.1.11 在外电架空线路附近开挖沟槽时,应采取加固措施,防止外电架空线路电杆倾斜、悬倒。

示意图片(图B.1-1、图B.1-2):

**图B.1-1 高压线防护警示设置示意图**

**图B.1-2 高压线防护隔离设置示意图**

## B.2 雷电防护

B.2.1 对施工现场临时建筑物、设施和机械设备等进行防雷类别划分，具体划分如表 B.2-1。

表 B.2-1 施工现场防雷类别划分

| 判定标准 | | 防雷类别 | 基本要求 |
|---|---|---|---|
| 临时贮存易燃易爆危险品的库房 | | 如天然气、柴油等危化品库房宜划为第一类防雷建筑物 | 1. 第一类防雷类别的施工现场临时库房应按照 GB 55024—2022 中 7 的要求采取防雷措施；<br>2. 第二、三类防雷类别的施工现场临时建筑物、设施和机械设备，装设防直击雷的防雷装置，采取防闪电电涌侵入措施，及等电位连接或防闪络的安全间隔距离等防护措施 |
| 高度＞100 m 的建筑物 | | 第二类防雷建筑物 | |
| 年预计雷击次数＞0.25 次的建筑物 | | 第二类防雷建筑物 | |
| 20 m＜高度≤100 m 的建筑物 | | 第三类防雷建筑物 | |
| 0.05 次≤年预计雷击次数≤0.25 次的建筑物 | | 第三类防雷建筑物 | |
| 年预计雷击次数＜0.05 的建筑物 | 平均雷暴日≥40 d/a | 两区三场等人员密集场所宜划为第三类防雷建筑物 | |
| | 15 d/a＜平均雷暴日＜40 d/a | | |
| 平均雷暴日＞15 d/a | 高度≥15 m 的孤立高耸设施和机械设备 | 沥青拌合楼主楼、集料储罐、高墩、塔吊、龙门吊、挂篮、架桥机、支架等应划为第三类防雷建筑物 | |
| 平均雷暴日≤15 d/a | 高度 20 m≥的孤立高耸设施和机械设备 | | |

B.2.2 第三类防雷建筑物的雷电防护措施应符合下列规定：

（1）当采用接闪网格法保护时，接闪网格不应大于 20 m×20 m 或 24 m×16 m；当采用滚球法保护时，滚球法保护半径不应大于 60 m。

（2）专用引下线和专设引下线的平均间距不应大于 25 m。

（3）建筑物外墙内侧和外侧垂直敷设的金属管道及类似金属物应在顶端和底端与防雷装置连接。

（4）建筑物地下一层或地面层、顶层的结构圈梁钢筋应连成闭合环路，中间层应在每间隔不超过 20 m 的楼层连成闭合环路。闭合环路应与本楼层结构钢筋和所有专用引下线连接。

（5）应将高度 60 m 及以上外墙上的栏杆、门窗等较大金属物直接或通过预埋件与防雷装置相连，高度 60 m 及以上水平突出的墙体应设置接闪器并与防雷装置相连。

（6）钢结构大棚、拌合楼、集料储罐、高墩、塔吊、龙门吊、挂篮、架桥机、钢支架等虽然划为第三类防雷建筑物，但由于其结构下面或周边经常有人员施工活动，很难在雷电时避离影响区，因此，建设时需要设置防雷装置。

注：为防止跨步电压伤人，防直击雷接地装置距建筑物出入口和人行道边的距离不应小于 3 m，距电气设备装置要求在 5 m 以上。防雷电感应的接地装置与防直击雷的接地装置的距离根据具体情况而不同，但其最小距离不得小于 3 m。接地装置距墙或基础不宜小于 1 m。

接地体宜远离由于烧窑、烟道等高温影响使土壤电阻率升高的地方。

B. 2. 3　应对施工现场进行防雷区划分，现场临时建筑物及起重机、支架等高耸机械设备应在直击雷防护装置的保护范围内，不在既有保护范围内的设备应单独设置直击雷防护装置。施工结束后，作为直击雷防护装置的高耸机械设备应最后退场。

B. 2. 4　位于多雷地区的变压器，应装设独立避雷针；高压架空线路及变压器高压侧应装设避雷器或放电间隙。

B. 2. 5　做防雷接地机械上的电气设备，所连接的 PE 线应同时做重复接地，同一台机械电气设备的重复接地和机械的防雷接地可共用同一接地体，接地电阻应符合重复接地电阻值的要求。

B. 2. 6　施工现场和临时生活区的高度在 20 m 及以上的井字架、脚手架、正在施工的建筑物以及塔式起重机、机具、高墩等设施，均应装设防雷保护。高度在 20 m 以上的大钢模板，就位后应及时与建筑物的接地线连接。

（1）爬模防雷接地：可利用转角处的外立杆做引下线，在底部处焊接接地线，与爬架底部建筑物的接地线连接；

（2）落地式脚手架防雷接地：利用转角处的外立杆做引下线，在距离底部 20 cm 处焊接接地线，与人工接地体或与建筑物的接地线连接。

B. 2. 7　在土壤电阻率（soil resistivity）低于 200 Ω·m 区域的电杆可不另

设防雷接地装置，但在配电室的架空进线或出线处应将绝缘子铁脚与配电室的接地装置相连接。地基电阻率见表 B.2-2。

表 B.2-2 地基电阻率参考表

| 类别 | 名称 | 电阻率近似值 /（Ω·m） | 不同情况下电阻率的变化范围/（Ω·m） | | |
|---|---|---|---|---|---|
| | | | 较湿时（一般多雨地区） | 较干时（少雨区、沙漠区） | 地下水含盐碱时 |
| 泥土 | 陶黏土 | 10 | 5～20 | 10～100 | 3～10 |
| | 泥炭、泥灰岩、沼泽地 | 20 | 10～30 | 50～300 | 3～30 |
| | 捣碎的土炭 | 40 | | | |
| | 黑土、园田土、陶土 | 50 | 30～100 | 50～300 | 10～30 |
| | 黏土 | 60 | 30～100 | 50～300 | 10～30 |
| | 沙质黏土 | 100 | 30～300 | 80～1 000 | 10～30 |
| | 黄土 | 200 | 100～200 | 250 | 30 |
| | 含砂黏土、砂土 | 300 | 100～1 000 | 1 000 以上 | 30～100 |
| | 多石土壤 | 400 | | | |
| | 上层红色风化黏土 下层红色页岩 | 500 （30%湿度） | | | |
| | 表层土夹石、下层砾石 | 600 （15%湿度） | | | |
| 沙土岩石 | 砂、沙砾 | 1 000 | 250～1 000 | 1 000～2 500 | |
| | 砂层深度大于 10 m、位于多岩石基底层软质黏土 | 1 000 | | | |
| | 砾石、碎石 | 5 000 | | | |
| | 多岩山地 | 5 000 | | | |
| | 花岗岩 | 20 000 | | | |
| 混凝土 | 在水中 | 40～55 | | | |
| | 在湿土中 | 100～200 | | | |
| | 在干土中 | 500～1 300 | | | |
| | 在干燥的大气中 | 12 000～18 000 | | | |
| 矿石 | 金属矿石 | 0.01～1 | | | |

土壤电阻率分类：

（1）低电阻率土壤：湿润或含有高含水量的土壤通常具有较低的电阻率，一般在几十到几百 Ω·m 之间。

（2）中等电阻率土壤：一般情况下，中等湿润的土壤电阻率在几百到一千 Ω·m 之间。

（3）高电阻率土壤：较干燥或含水量较低的土壤通常具有较高的电阻率，一般在一千到数千 Ω·m 之间。

一般电阻率 500 Ω·m 以上的地基宜采用增强材料，以垂直或水平方向安装在接地电极周围，作为高导电路径，将电流耗散到大地。

B.2.8　施工现场内的起重机、井字架、龙门架等机械设备，以及钢脚手架和正在施工的在建工程等的金属结构，当在相邻建筑物、构筑物等设施的防雷装置接闪器的保护范围以外时，应按表 B.2-3 的规定安装防雷装置。

表 B.2-3　施工现场内机械设备及高架设施需安装防雷装置的规定

| 地区年平均雷暴日/d | 机械设备高度/m |
| --- | --- |
| ≤15 | ≥50 |
| >15，<40 | ≥32 |
| ≥40，<90 | ≥20 |
| ≥90 及雷害特别严重地区 | ≥12 |

B.2.9　当最高机械设备上避雷针（接闪器）的保护范围能覆盖其他设备，且又最后退出现场，则其他设备可不设防雷装置。

B.2.10　机械设备或设施的防雷引下线可利用该设备或设施的金属结构体，但应保证电气连接。

B.2.11　机械设备上的避雷针（接闪器）长度应为 1～2 m，塔式起重机可不另设避雷针（接闪器）。

B.2.12　装有避雷针（接闪器）的机械设备，所有固定的动力、控制、照明、信号及通信线路，宜采用钢管敷设。钢管与该机械设备的金属结构体应做电气连接。

B.2.13　施工现场内所有防雷装置的冲击接地电阻值不应大于 30 Ω。

B.2.14　防雷接地机械上的电气设备，所连接的 PE 线应同时做重复接地，同一台机械电气设备的重复接地和机械的防雷接地可共用一接地体，但接地电阻应符合重复接地电阻值的要求。

示意图片（图 B.2-1～图 B.2-4）：

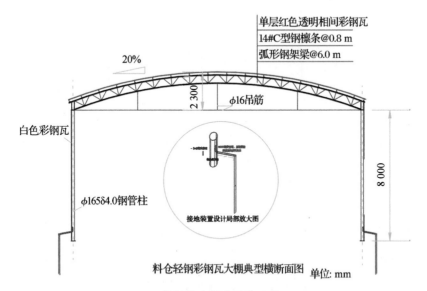

（a）钢结构大棚防雷接地装置

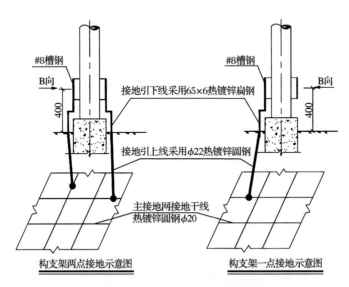

（b）钢结构大棚防雷接地体

**图 B.2-1　钢结构大棚防雷装置示意图**

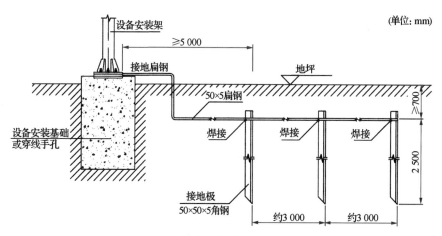

图 B. 2－2　拌合站储罐防雷接地示意图

图 B. 2－3　拌合站储罐防雷装置示意图

图 B. 2－4　塔吊防雷装置示意图

# 附录 C 可视化管理

## C.1 安全风险作业告知卡

根据安全风险辨识结果，在一级箱、二级箱上挂安全风险作业告知卡。

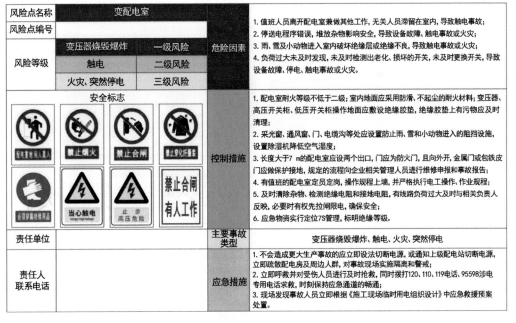

| 风险点名称 | 变配电室 | | 危险因素 | 1. 值班人员离开配电室兼做其他工作，无关人员滞留在室内，导致触电事故；<br>2. 停送电程序错误，堆放杂物影响安全，导致设备故障、触电事故或火灾；<br>3. 雨、雪及小动物进入室内破坏绝缘层或绝缘不良，导致触电事故或火灾；<br>4. 负荷过大未及时发现，未及时检测出老化、损坏的开关，未及时更换开关，导致设备故障、停电、触电事故或火灾。 |
|---|---|---|---|---|
| 风险点编号 | | | | |
| 风险等级 | 变压器烧毁爆炸 | 一级风险 | | |
| | 触电 | 二级风险 | | |
| | 火灾、突然停电 | 三级风险 | | |
| 安全标志 | | | 控制措施 | 1. 配电室耐火等级不低于二级；室内地面应采用防滑、不起尘的耐火材料；变压器、高压开关柜、低压开关柜操作地面应敷设绝缘胶垫，绝缘胶垫上有污物应及时清理；<br>2. 采光窗、通风窗、门、电缆沟等处应设置防止雨、雪和小动物进入的阻挡设施，设置除湿机降低空气湿度；<br>3. 长度大于7 m的配电室应设两个出口，门应为防火门，且向外开，金属门或包铁皮门应做保护接地，规定的流程向企业相关管理人员进行维修申报和事故报告；<br>4. 有值班的配电室定点定岗，操作规程上墙，并严格执行电工操作、作业规程；<br>5. 及时清除杂物、检测绝缘电阻和接地电阻，有线路负荷过大及时与相关负责人反映，必要时有权先拉闸限电，确保安全；<br>6. 应急物资实行定位7S管理，标明绝缘等级。 |
| 责任单位 | | | 主要事故类型 | 变压器烧毁爆炸、触电、火灾、突然停电 |
| 责任人联系电话 | | | 应急措施 | 1. 不会造成更大生产事故的应立即设法切断电源，或通知上级配电站切断电源，立即疏散配电房及周边人群，对事故现场实施隔离和警戒；<br>2. 立即呼救并对受伤人员进行及时抢救，同时拨打120、110、119电话、95598涉电专用电话求救，时刻保持应急通道的畅通；<br>3. 现场发现事故人员立即根据《施工现场临时用电组织设计》中应急救援预案处置。 |

（a）变配电室风险点告知卡

| 风险点名称 | 电气线路 | | | 1. 线路过载, 选用线路或设备不合理、线路的负载电流量超标、用电设备长期超负荷运行等, 都会引起线路或设备过热而导致火灾; |
|---|---|---|---|---|
| 风险点编号 | | | | 2. 接触不良, 如接头连接不牢或不紧密、动触点压力过小等使接触电阻过大, 在接触部位发生过热而引起火灾; |
| 风险等级 | 触电、短路 | 二级风险 | | 3. 散热不良, 大功率用电设备, 环境温度过高, 如果缺少通风散热设施或通风散热设施损坏就会造成热量积蓄, 从而引发火灾; |
| | 火灾、断线 | 三级风险 | | 4. 使用不当, 电器未按要求使用、在附近堆放易燃易爆物品、用后忘记断开电源, 也可能引发火灾; 5. 由于人员误操作、设备缺陷、外力因素等导致电气线路故障, 易发生火灾、触电等事故。 |
| 安全标志 | | | | 控制措施 |
| 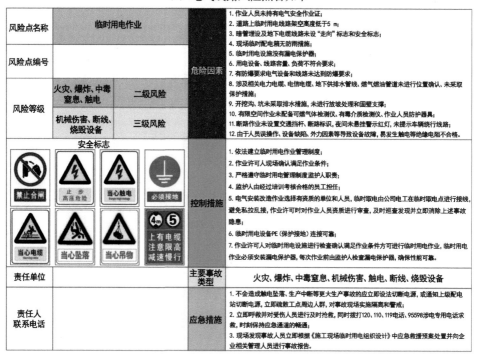 | | | | 1. 每条回路应设独立电源箱, 使用断路保护器, 安装总开关控制和漏电保护装置; 2. 合理选用线路和设备, 确保线路的负载电流量不超标、用电设备不超负荷运行等, 避免引起线路或设备过热而导致火灾、短路; 3. 检查接头不牢或不紧密连接, 保证动触点压力, 避免接触电阻过大和接触部位发生过热而引起火灾、短路; 4. 环境温度高的大功率设备保证散热, 增加通风散热设施或维护通风散热设施, 避免热量积蓄, 从而引发火灾、短路; 5. 按要求使用电器, 附近不得堆放易燃易爆物品、用后断开电源, 避免发生火灾、短路; 6. 避免人员误操作、设备缺陷、外力因素等导致电气线路故障, 避免火灾、触电等事故; 7. 经常检查确保临时用电设备PE(保护接地)可靠连接。 |
| 责任单位 | | | 主要事故类型 | 触电、火灾、断线、短路 |
| 责任人联系电话 | | | 应急措施 | 1. 不会造成更大生产事故的应立即设法切断电源, 或通知上级配电站切断电源; 立即疏散配电房及周边人群, 对事故现场实施隔离和警戒; 2. 立即呼救并对受伤人员进行及时抢救, 同时拨打120、110、119电话、95598涉电专用电话求救, 时刻保持应急通道的畅通; 3. 现场发现事故人员立即根据《施工现场临时用电组织设计》中应急救援预案处置。 |

(b) 电气线路风险点告知卡

| 风险点名称 | 临时用电作业 | | | 危险因素 | 1. 作业人员未持有电气安全作业证; |
|---|---|---|---|---|---|
| 风险点编号 | | | | | 2. 道路上临时用电线路架空高度低于5 m; 3. 暗管埋设及地下电缆线路未设"走向"标志和安全标志; 4. 现场临时配电箱无防雨措施; 5. 临时用电设施没有漏电保护器; 6. 用电设备、线路容量、负荷不符合要求; 7. 有防爆要求电气设备和线路未达到防爆要求; 8. 涉及相关电力电缆、电信电缆、地下供排水管线、燃气燃油管道未进行位置确认、未采取保护措施; 9. 开挖沟、坑未采取排水措施, 未进行放坡处理和固壁支撑; 10. 有限空间作业未配备可燃气体检测仪、有毒介质检测仪、作业人员防护器具; 11. 断路作业未设置交通挡栏、断路标识, 夜间未悬挂警示红灯, 未接近车辆绕行线路; 12. 由于人员误操作、设备缺陷、外力因素等导致设备故障, 易发生触电绝缘电阻不合格。 |
| 风险等级 | 火灾、爆炸、中毒窒息、触电 | 二级风险 | | | |
| | 机械伤害、断线、烧毁设备 | 三级风险 | | | |
| 安全标志 | | | | 控制措施 | 1. 依法建立临时用电作业管理制度; 2. 作业许可人现场确认满足作业条件; 3. 严格遵守临时用电管理制度落实监护人职责; 4. 监护人由经过培训考核合格的员工担任; 5. 电气安装改造作业选择有资质的单位和人员, 临时取电由公司电工在临时用电点进行接线, 避免私拉乱接, 作业许可时对作业人员资质进行审查, 及时巡查发现并立即消除上述事故隐患; 6. 临时用电设备PE(保护接地)连接可靠; 7. 作业许可人对临时用电设施进行检查确认满足作业条件方可进行临时用电作业, 临时用电作业必须安装漏电保护器, 每次作业前由监护人检查漏电保护器, 确保性能可靠。 |
| 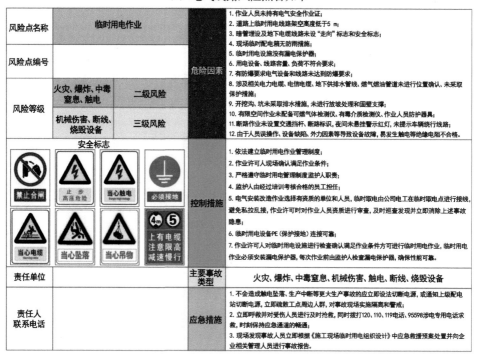 | | | | | |
| 责任单位 | | | 主要事故类型 | | 火灾、爆炸、中毒窒息、机械伤害、触电、断线、烧毁设备 |
| 责任人联系电话 | | | 应急措施 | | 1. 不会造成触电坠落、生产中断等更大生产事故的应立即设法切断电源, 或通知上级配电站切断电源, 立即疏散工点周边人群, 对事故现场实施隔离和警戒; 2. 立即呼救并对受伤人员进行及时抢救, 同时拨打120、110、119电话、95598涉电专用电话求救, 时刻保持应急通道的畅通; 3. 现场发现事故人员立即根据《施工现场临时用电组织设计》中应急救援预案处置并向企业相关管理人员进行事故报告。 |

(c) 临时用电作业风险点告知卡

图 C.1-1 临时用电安全风险告知卡示意图

## C.2 配电设施验收合格标识

施工现场所有配电箱等配电设施，应经检测合格挂牌后方可投入使用。

| 临 时 用 电 设 施 验 收 牌 | | | | |
|---|---|---|---|---|
| 设 施 名 称 | | 首 验 时 间 | | |
| 安 装 班 组 | | 使 用 班 组 | | |
| 安 装 负 责 人 | | 使 用 责 任 人 | 姓名 | 电话 |
| 维 护 电 工 | 姓名 | 电话 | 最 近 维 护 时 间 | |
| 验 收 人 员 | | 验 收 维 护 结 论 | □合格 □停用 | |

图 C. 2 - 1　配电设施验收合格标识示意图

## C.3 电箱管理标识牌

所有配电箱的外壳上张贴电箱标识，标明箱体名称、用途、编号、电压等级、电箱负责人及联系方式、操作规程等信息。

| 单位 logo | XXX项目经理部 |
|---|---|
| 配 电 箱 操 作 规 程 | |

　　1、配电箱门应加锁管理，由持证电工负责接线、拆除、维修、保养和管理；

　　2、检查、维修时，必须将其前一级相应的电源开关分闸断电，并悬挂停电标志牌，做好接地保护和断电验电工作，严禁带电作业；

　　3、检查维修时应有人监护、穿戴绝缘防护用品；

　　4、设备操作人员每天使用配电箱前应进行检查，试跳漏电保护器，并记录；

　　5、送电操作顺序：总配电箱→分配电箱→开关箱，
　　停电操作顺序：开关箱→分配电箱→总配电箱(紧急情况除外)；

　　6、配电箱内不得放置任何杂物，并应定期维修养护和保持整洁；

　　7、配电箱内不得私自挂接用电设备，不准乱拉乱接电源线；

　　8、更换熔断器熔体时，严禁用不符合原规格熔体或铁丝、铜丝、铁钉等金属体代替；

　　9、配电箱进出线应规范绑扎固定，进线和出线不得承受外力；

　　10、线路器件严禁与金属尖锐断口和强腐蚀介质接触；

　　11、工作完毕或暂停30分钟以上应切断设备电源（应急和自动控制电源除外）。

（a）电箱操作规程牌

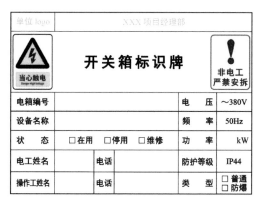

（b）总配、分配电箱标识　　　　　　　（c）开关箱标识

**图 C.3‐1　箱体标识示意图**

## C.4　检查不合格标识

项目检查时，由责任人员对不合格用电设施、设备张贴不合格禁止使用标签，并建立台账。

**图 C.4‐1　检查不合格标识示意图**

## C.5　临时用电日常检查记录表

项目电工每日对责任区域配电箱等配电设施进行全覆盖巡查，根据检查结果填报日常巡查记录表，配电箱内有相关检查记录表，应填写并粘贴于电箱开关门内侧。

## C.6 电箱编号原则

　　施工现场配电箱应进行统一编号管理，一级箱、分配电箱、开关箱上应张贴对应的编号，一级箱、分配电箱可增加控制区域、设备名称；开关箱标示控制设备名称编号，变压器加 B、发电机加 F、地方总配电箱加 D，线路编号外加（）（只有 1 路时可省略，有并列支路时可加上标（′″）以示区别），X 为顺序自然整数，电源线路一般从小桩号、左侧处开始编号，电箱从电源起端往末端开始编号，加以区别，编号原则示意图如下：

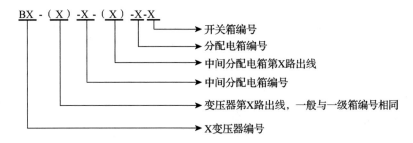

# 附录 D 城市高架桥施工设备型号及用电选型参数一览表

| 序号 | 设备名称 | | 典型型号 | 总功率/kW | 电源性质 | 设备电源线径/mm | 剩余电流保护断路器 | 备注 |
|---|---|---|---|---|---|---|---|---|
| 1 | 电焊机 | 交流弧焊机 | BX3-300 | 22.5 | 两相 AC380V 50Hz | 35 | DZ20L-160; $I_n$ 30mA; $t \leqslant 0.1$ s | 移动设备,注意三相平衡 |
| 2 | | | BX3-500 | 37.5 | 两相 AC380V 50Hz | 60 | DZ20L-160; $I_n$ 30mA; $t \leqslant 0.1$ s | |
| 3 | | 直流电焊机 | ZX7-270 | 6 | 两相 AC380V 50Hz | 4 | DZ15LE-100; $I_n$ 15mA; $t \leqslant 0.1$ s | |
| 4 | | 氩弧焊机 | TIG200SW221II | 5.4 | 两相 AC380V 50Hz | 4 | DZ15LE-100; $I_n$ 15mA; $t \leqslant 0.1$ s | |
| 5 | | 二氧化碳保护焊机 | NBC-200 | 7.5 | 两相 AC380V 50Hz | 4 | DZ15LE-100; $I_n$ 15mA; $t \leqslant 0.1$ s | |
| 6 | 埋弧焊机 | | MZ-630 | 35.8 | 三相 380V 50Hz | 20 | DZ15LE-100; $I_n$ 30mA; $t \leqslant 0.1$ s | 三相平衡 |
| 7 | 数控钢筋笼滚焊机 | | FQ-2200 | 23 | 三相 380V 50Hz | 10 | DZ15LE-100; $I_n$ 30mA; $t \leqslant 0.1$ s | 三相平衡 |
| 8 | 数控调直切断机 | | GT4-14 | 9 | 三相 380V 50Hz | 6 | DZ15LE-100; $I_n$ 15mA; $t \leqslant 0.1$ s | 三相平衡 |
| 9 | 钢筋弯曲机 | | GW50 | 4 | 三相 380V 50Hz | 2 | DZ15LE-100; $I_n$ 15mA; $t \leqslant 0.1$ s | 三相平衡 |
| 10 | 钢筋切断机 | | 60加重型 | 5.5 | 三相 380V 50Hz | 4 | DZ15LE-100; $I_n$ 15mA; $t \leqslant 0.1$ s | 三相平衡 |
| 11 | 自动液压弯折机 | | WE67K-200 | 15 | 三相 380V 50Hz | 10 | DZ15LE-100; $I_n$ 30mA; $t \leqslant 0.1$ s | 三相平衡 |
| 12 | 数控弯曲中心 | | SRB2-32 | 17 | 三相 380V 50Hz | 10 | DZ15LE-100; $I_n$ 30mA; $t \leqslant 0.1$ s | 三相平衡 |

（续表）

| 序号 | 设备名称 | 典型型号 | 总功率/kW | 电源性质 | 设备电源线径/mm | 剩余电流保护断路器 | 备注 |
|---|---|---|---|---|---|---|---|
| 13 | 套丝镦粗生产线 | FQJQ-500 | 49 | 三相380V 50Hz | 25 | DZ15LE-100；$I_n$50mA；$t \leqslant 0.1$ s | 三相平衡 |
| 14 | 数控锯切机 | MC-425 | 8 | 三相380V 50Hz | 4 | DZ15LE-100；$I_n$15mA；$t \leqslant 0.1$ s | 三相平衡 |
| 15 | 工业空压机 | 1.05/12.5 | 7.5 | 三相380V 50Hz | 4 | DZ15LE-100；$I_n$15mA；$t \leqslant 0.1$ s | 三相平衡 |
| 16 | 桁吊 | 5T | 7.5 | 三相380V 50Hz | 4 | DZ15LE-100；$I_n$15mA；$t \leqslant 0.1$ s | 三相平衡 |
| 17 | 龙门吊 | 160T | 75 | 三相380V 50Hz | 35 | DZ15LE-100；$I_n$100mA；$t \leqslant 0.1$ s | 三相平衡 |
| 18 | 地面磨平打光机 | G330 | 7.5 | 三相380V 50Hz | 4 | DZ15LE-100；$I_n$15mA；$t \leqslant 0.1$ s | 三相平衡 |
| 19 | 混凝土搅拌站 | HZS90 | 120 | 三相380V 50Hz | 70 | RDL20-250；$I_n$150mA；$t \leqslant 0.1$ s | 三相平衡 |
| 20 | 蒸汽发生器 | DZF18 | 18 | 三相380V 50Hz | 10 | DZ15LE-100；$I_n$30mA；$t \leqslant 0.1$ s | 三相平衡 |
| 21 | 智能张拉设备 | | 12 | 三相380V 50Hz | 6 | DZ15LE-100；$I_n$15mA；$t \leqslant 0.1$ s | 三相平衡 |
| 22 | 智能压浆台车 | 500 | 7.5 | 三相380V 50Hz | 4 | DZ15LE-100；$I_n$15mA；$t \leqslant 0.1$ s | 三相平衡 |
| 23 | 正循环钻机 | HW-1000GL | 154 | 三相380V 50Hz | 95 | RDL20-400；$I_n$200mA；$t \leqslant 0.2$ s | 三相平衡 |
| 24 | | GPS20 | 65 | 三相380V 50Hz | 50 | RDL20-250；$I_n$100mA；$t \leqslant 0.1$ s | 三相平衡 |
| 25 | 反循环钻机 | 七寸 | 95 | 三相380V 50Hz | 70 | RDL20-250；$I_n$100mA；$t \leqslant 0.1$ s | 三相平衡 |
| 26 | 冲击钻机 | 600T | 155 | 三相380V 50Hz | 95 | RDL20-400；$I_n$200mA；$t \leqslant 0.2$ s | 三相平衡 |
| 27 | 泥浆泵 | NL100-16 | 15 | 三相380V 50Hz | 10 | DZ15LE-100；$I_n$30mA；$t \leqslant 0.1$ s | 三相平衡 |

（续表）

| 序号 | 设备名称 | 典型型号 | 总功率/kW | 电源性质 | 设备电源线线径/mm | 剩余电流保护断路器 | 备注 |
|---|---|---|---|---|---|---|---|
| 28 | 清水泵 | 80—160 | 7.5 | 三相 380V 50Hz | 4 | DZ15LE－100；$I_n$15mA；$t\leqslant$0.1 s | 三相平衡 |
| 29 | | 2 寸 | 2.2 | 单相 220V 50Hz | 4 | NXBLE－32；$I_n$15mA；$t\leqslant$0.1 s | 多台时注意三相平衡 |
| 30 | 钻孔桩机 | HWL300 | 75 | 三相 380V 50Hz | 35 | RDL20－250；$I_n$100mA；$t\leqslant$0.1 s | 三相平衡 |
| 31 | 真空泵 | 5121 | 7.5 | 三相 380V 50Hz | 4 | DZ15LE－100；$I_n$15mA；$t\leqslant$0.1 s | 三相平衡 |
| 32 | 振动锤 | DZ－90 | 90 | 三相 380V 50Hz | 50 | RDL20－250；$I_n$100mA；$t\leqslant$0.1 s | 三相平衡 |
| 33 | 圆盘锯 | 工业级 | 4 | 三相 380V 50Hz | 2 | DZ15LE－100；$I_n$15mA；$t\leqslant$0.1 s | 三相平衡 |
| 34 | 模板台车 | 2 t | 10 | 三相 380V 50Hz | 6 | DZ15LE－100；$I_n$15mA；$t\leqslant$0.1 s | 三相平衡 |
| 35 | 三轴摊铺机 | 10 m | 12 | 三相 380V 50Hz | 6 | DZ15LE－100；$I_n$15mA；$t\leqslant$0.1 s | 三相平衡 |
| 36 | 磨光机 | HMG10B | 0.75 | 单相 220V 50Hz | 2 | NXBLE－32；$I_n$15mA；$t\leqslant$0.1 s | 多台时注意三相平衡 |
| 37 | 振捣泵 | ZN－10 | 3 | 三相 380V 50Hz | 1.5 | NXBLE－32；$I_n$15mA；$t\leqslant$0.1 s | 三相平衡 |
| 38 | 振动泵 | ZDE－50 | 1.1 | 两相 AC380V 50Hz | 4 | DZ15LE－100；$I_n$15mA；$t\leqslant$0.1 s | 多台时注意三相平衡 |
| 39 | 电焊机 | ZX7－500 | 25 | 三相 380V 50Hz | 10 | NXBLE－64；$I_n$30mA；$t\leqslant$0.1 s | 三相平衡 |
| 40 | 手持冲击钻 | 工程级 | 1.5 | 单相 220V 50Hz | 2 | NXBLE－32；$I_n$15mA；$t\leqslant$0.1 s | 多台时注意三相平衡 |